中等专业学校精品规划教材

计算机技能训练手册

总策划：李根良

总　编：张现涛　刘晓歌

主　编：张景伟　孙川玉

编　委：王韶锋　柴茂权　赵向前

王向红　张永刚

黄河水利出版社

·郑州·

内容提要

《计算机技能训练手册》是为提升中专计算机应用专业学生的专业技能水平而编写的一本教材，体现了计算机课程改革的要求，面向工作任务，突出岗位技能实践。《计算机技能训练手册》内容包括计算机界伟大人物、信息输入、核心上网技能、Windows 操作、办公核心技能、计算机原理、PS 核心技能、趣味编程、硬件模块、网络模块、平面设计模块等。通过训练，毕业生能够快速适应工作岗位。

图书在版编目(CIP)数据

计算机技能训练手册/张景伟，孙川玉主编.—郑州：黄河水利出版社，2019.9

中等专业学校精品规划教材

ISBN 978-7-5509-2523-6

Ⅰ.①计… Ⅱ.①张… ②孙… Ⅲ.①电子计算机-中等专业学校-教学参考资料 Ⅳ.①TP3

中国版本图书馆 CIP 数据核字(2019)第 221412 号

审稿编辑：席红兵 13592608739

出 版 社：黄河水利出版社

地址：河南省郑州市顺河路黄委会综合楼 14 层 邮政编码：450003

发行单位：黄河水利出版社

发行部电话：0371-66026940、66020550、66028024、66022620(传真)

E-mail：hhslcbs@126.com

承印单位：河南承创印务有限公司

开本：787 mm×1 092 mm 1/16

印张：8.25

字数：191 千字 印数：1—1 000

版次：2019 年 9 月第 1 版 印次：2019 年 9 月第 1 次印刷

定价：42.00 元

前言

为适应巩义市第一中等专业学校计算机应用专业人才培养的需要,根据学校计算机课程改革的要求,我们构建了任务驱动、项目导向的“教、学、做一体化”的人才培养模式。最终目的就是提升毕业生技能水平,突出学生动手能力和专业技能的培养。为更好地达到此目的,我们计算机教研组编写了此校本教材。

本书能够面世,实习处马冲主任功不可没,从计划到选题、协调、调研企业需求、后勤保障等,马主任都做了大量的工作。按原计划,《计算机技能训练手册》分为上下两册。上册为中职学生基本技能训练手册,为一年级学生技能训练所用,本书为上册。下册为专业技能训练,分专业方向进行深入技能训练。

本书由张景伟老师牵头,巩义市第一中等专业学校计算机教研室全体老师共同编写,共14章,其中第1、2、4、14章由张景伟老师编写,第3章由王曙光老师编写,第5章由杨军朝老师、张焕俊老师编写,第6章由庞桂君老师编写,第7章由孙川玉老师编写,第8章由李利红老师编写,第9、10章由孙建垒老师编写,第11章由刘万里老师编写,第12章由宋玉青、贺爱晓、刘文平老师编写,第13章由李慧君老师编写,最后由张景伟老师统稿、审订。

本书内容丰富,可以使一名计算机知识为零的门外汉迅速成长为信息技术达人,不仅可作为中职计算机专业的教材和培训学校的教材,还可以作为计算机爱好者的入门用书。

尽管我们每一位团队成员都未敢稍有疏虞,但由于技术的不断变化及水平所限,书中难免有疏漏和不妥之处,恳请广大读者批评指正。

编 者

2019年8月

目 录

00 为什么有了这本书

老师寄语:对中职计算机应用专业学生职业素养的要求

现代企业对员工自身素质要求越来越高,尤其是计算机和信息技术在各行业的普及,使具有计算机应用专业技能的人才需求日益增加。中等职业学校计算机应用专业学生如何适应当前岗位的需求?下表是《河南省中等职业学校计算机应用专业教学标准》对毕业生职业范围的描述。

序号	对应职业(岗位)	职业资格证书举例	专业(技能)方向
1	在党政机关、企事业单位从事办公自动化应用、管理,在文印中心、出版社、报社、印刷公司、电子出版物等单位工作以及常用办公设备的使用与维护等岗位工作	计算机操作员、 计算机装调员、 办公自动化工程师	办公自动化技术
2	在党政机关、企事业单位从事办公网络的搭建、施工、管理、维护、应用与调试,并对网络实施安全监控等岗位工作	计算机操作员、 计算机网络调试员、 网络工程师	计算机网络应用
3	在党政机关、企事业单位从事图形图像处理、图文编排、图形绘制、包装印刷、设计排版等图形图像综合处理能力的岗位工作	计算机操作员、 平面设计师	计算机平面设计
4	在党政机关、企事业单位从事办公自动化设备的安装、使用、维护、营销等岗位工作	计算机操作员、 计算机检验员、 计算机装调员	计算机设备维护与营销

中职教育的目标是"以就业为导向",中职计算机应用专业学生从学校走入社会,要想更快地适应社会需求,就必须加强培养自身的职业素养。职业素养是在职业过程中需要遵守的行为规范,是表现出来的一个人的综合素养,包含职业道德、职业技能、职业行为、职业作风和职业意识等方面。是通过教育培训、职业实践、自我修炼等途径形成和发展起来的,在职业活动中起决定性作用的、内在的、相对稳定的基本品质和能力。在中职教育的教学过程中,使学生形成良好的职业素养,是中职学校的重要任务。

职业道德、职业意识和职业心态要求

职业素养分为显性素养和隐性素养,一个人所拥有的资质、知识、行为和技能,是显性素养,这些可以通过各种学历证书、职业证书来证明,或者通过专业考试来验证。而职业道德、职业意识和职业态度,我们称之为隐性素养。显性素养和隐性素养构成一个人所具备的全部职业素养。

职业道德

《哈佛商业评论》曾评出了9条职业人应该遵循的职业道德：诚实、正直、守信、忠诚、公平、关心他人、尊重他人、追求卓越、承担责任。这些都是最基本的职业化素养。企业无法对员工职业素养有强制性的约束力，职业素养更多地体现在员工的自律上。

职业意识

作为刚从学校走入社会的中职生，要想很快地适应社会，就必须做到以下几方面，以不断培养自身的职业素养：

(1)要有自我管理和自我领导意识，可以这样说，即使领导不分配任务，员工也会知道该做什么、怎么做。在巡视过程中，经常发现有的学生上班时间趴在桌上睡觉，或聊天，不知该做什么！而有的学生却在很认真地看公司的宣传资料，或站在正在干活的师傅旁边仔细地观看，并不时地询问！不久就有学生被用人单位以懒惰为由而退回学校，所以作为职校实习生，应加强自我管理与领导意识。

(2)要有自我完善的意识，即使公司不告诉他，员工也知道自己存在哪些不足，并积极努力学习新的知识和技能，弥补自己专业能力方面的不足，提高自己整合资源的能力，突破个人成长上的素质瓶颈。用人单位在反馈实习生信息时就提出，大多数学生虽然知道自己掌握的技能有限，甚至与用人单位所要求的业务技能相去甚远，但在用人单位培训时，或师傅指导时，都漫不经心，回去也不知道总结，往往被用人单位以长期不能适应工作需求而退回。所以，要求每一个学生在学习期间，做好实习总结笔记，把每天学到的新知识都记下来，遇到相同的问题时就可以作为参考，逐渐做到对业务技能的熟练掌握。

(3)有良好的竞争意识，工作要以业绩为导向，注重过程控制。业绩是竞争的唯一标准，而竞争会带来压力，压力会产生动力，因此职校实习生应具有良好的竞争意识，才会促使自己在工作中不断进步。

(4)有协作和组织意识，团队的业绩直接影响到公司的业绩，要使自己具有较强的责任感和敬业精神，在团队中，要尽量发挥个人所长，不计个人得失，做到公司利益至上。

职业心态

作为职校实习生，本身具有双重身份，既是在校学生，又是社会职业人，作为学生，尤其是作为实习学生，在学校时理论学习占了主要学习内容，而实习是将理论付诸实践的过程，但往往理论脱离了实践，这时就需要学生具有良好的实习心态，不要把眼光放在工资的多少上，工作时间的长短上，对新老员工的态度不同上，而更应着眼于学习适用的技术、技能，学习做人的技巧，加强自身的业务能力，以让自己能很快地适应社会。

职业技能要求

根据计算机相关行业的发展现状与趋势，岗位设置情况及变化趋势，企业对计算机应用专业技能型人才的需求，中职计算机应用专业学生就业应该具有以下职业技能。

基本专业技能：

(1)熟悉计算机行业概况。

(2)能够高效输入信息，熟悉办公软件的使用，熟悉办公设备的使用。

(3)熟悉 Windows 系统的主要功能。能熟练上网、下载网络资源，熟悉常用的资源类型，能利用常用工具软件提高工作效率。

(4)熟悉计算机基本工作原理和计算机体系结构，初步了解计算机编程知识。

计算机设备维护与营销专业技能：

(1)能够认识、了解目前市场上主流的各种计算机硬件及其主要性能指标。

(2)能够独立地根据用户的要求，迅速配置出一台满足客户要求的电脑。

(3)能够独立或在师傅的指导下进行售后上门维修电脑。

(4)能够进行一些简单的网络调试与维护。

(5)能够组装一些数码产品，如移动硬盘、U 盘等，并能进行检测与维修。

(6)能够维修显示器、打印机、传真机等。

平面设计专业技能：

(1)具有一定的美术基础：基础绘画、素描、速写、色彩等，基础构图，解剖透视，色彩构成，光线的明暗对比、折射和反光等知识。

(2)图形图像后期处理(包括照片处理)：能够熟练运用 Photoshop 图形图像处理软件，有较好的构图设计能力。

(3)平面广告创意及设计、宣传彩页设计：能够熟练运用 Photoshop、CorelDraw、Illustrator 等平面设计类软件，有一定的视觉设计能力。

(4)能够合作利用相应的软件完成影视后期制作。

网络服务相关技能：

(1)具备一定的网站及服务器管理知识。

(2)熟悉网站服务器的日常维护与管理。

(3)熟悉所管理网站的前台与后台全部功能与操作，会使用各种模板搭建和扩充网站功能。

(4)熟悉网站信息的发布、审核或维护，网站木马、病毒的清除。

(5)熟悉网站开发制作软件的使用，包括 FrontPage、DreamWaver、Flash、Fireworks 等。

本着“素质为本位，能力为核心”的教育理念，培养学生良好的职业素质、熟练的职业技能，始终是我们所坚持的培养目标。我们希望学生从一入学开始，就能够明确自己毕业时应具备哪些职业素养。学校从一年级开始就进行有针对性的技能训练，并严格考核把关，使我校的计算机应用专业毕业生在毕业前达到合格的专业技能水平，并使更多的毕业生达到优秀水平。

01　伟大的人物

技能训练目标

认识计算机界的牛人。

恭喜各位即将迈入计算机世界的新生。我们现在能够坐在这里享受计算机带给我们的乐趣,我们是不是有必要认识一下为计算机的发展做出了巨大贡献的人物呢?

那还等什么呢,我们现在就开始吧!

比尔·盖茨

你不会不知道比尔·盖茨吧?世界级的超级大富豪。

比尔·盖茨(Bill Gates),全名威廉·亨利·盖茨(William Henry Gates),美国微软公司的董事长。他与保罗·艾伦一起创建了微软公司,曾任微软 CEO 和首席软件设计师,并持有公司超过 8%的普通股,也是公司最大的个人股东。1995 年到 2007 年的《福布斯》全球亿万富翁排行榜中,比尔·盖茨连续 13 年蝉联世界首富。2008 年 6 月 27 日正式退出微软公司,并把 580 亿美元个人财产尽数捐到比尔与美琳达·盖茨基金会。2012 年 3 月,福布斯全球富豪榜发布,比尔·盖茨以 610 亿美元位列第二。2019 年 1 月,入选美国杂志评选出"过去十年影响世界最深的十位思想家"。2019 年 3 月,以 965 亿美元财富排名 2019 年福布斯全球亿万富豪榜第 2 位。

比尔·盖茨的十句话(会让你改变一生)

(1)社会充满不公平现象。你先不要想去改造它,只能先适应它。(因为你管不了它)

(2)世界不会在意你的自尊,人们看的只是你的成就。在你没有成就以前,切勿过分强调自尊。(因为你越强调自尊,越对你不利)

(3)你只是中学毕业,通常不会成为 CEO,直到你把 CEO 职位拿到手为止。(直到此时,人们才不会介意你只是中学毕业)

(4)当你陷入人为困境时,不要抱怨,你只能默默地吸取教训。(你要悄悄地振作起来,重新奋起)

(5)你要懂得:在没有你之前,你的父母并不像现在这样"乏味"。你应该想到,这是他们为了抚养你所付出的巨大代价。(你永远要感恩和孝敬他们,才是硬道理)

(6)在学校里,你考第几已不是那么重要,但进入社会却不然。不管你去到哪里,都要分等排名。(社会、公司要排名次,是常见的事,要鼓起勇气竞争才对)

(7)学校里有节假日,到公司打工则不然,你几乎不能休息,很少能轻松地过节假日。(否则你职业生涯中一起跑就落后了,甚至会让你永远落后)

(8)在学校,老师会帮助你学习,到公司却不会。如果你认为学校的老师要求你很严格,那是你还没有进入公司打工。因为,如果公司对你不严厉,你就要失业了。(你必须清醒地认识到:公司比学校更要严格要求自己)

(9)人们都喜欢看电视剧,但你不要看,那并不是你的生活。只要在公司工作,你是无暇看电视剧的。(奉劝你不要看,否则你走上看电视连续剧之路,而且看得津津有味,那你将失去成功的资格)

(10)永远不要在背后批评别人,尤其不能批评你的老板无知、刻薄和无能。(因为这样的心态,会使你走上坎坷艰难的成长之路)

图灵

图灵1912年生于英国伦敦,1931年进入剑桥大学国王学院,毕业后到美国普林斯顿大学攻读博士学位,二战爆发后回到剑桥。图灵曾协助英国军方破解德国的著名密码系统“谜”(Enigma),帮助盟军取得了二战的胜利。

图灵同时也是计算机逻辑的奠基者,提出了“图灵机”和“图灵测试”等重要概念,被誉为“人工智能之父”“计算机科学之父”。

但由于图灵的同性恋倾向在当时的英国遭到歧视,二战结束后他被当时的英国政府定罪,被迫接受“治疗”,职业生涯尽毁。1954年6月7日,图灵被发现死于家中的床上,床头还放着一个被咬了一口的苹果。警方调查后认为是氰化物中毒,调查结论为自杀。

冯·诺依曼

冯·诺依曼(John Von Neumann,1903—1957),美籍匈牙利人,冯·诺依曼在数学等诸多领域都进行了开创性的工作,并作出重大贡献。他对人类的最大贡献是对计算机科学、计算机技术和数值分析的开拓性工作。他还创造了冯·诺依曼体系,沿用至今。

冯·诺依曼理论的要点是:数字计算机的数制采用二进制;计算机应该按照程序顺序执行。

人们把冯·诺依曼的这个理论称为冯·诺依曼体系结构。从ENIAC到当前最先进的计算机都采用的是冯·诺依曼体系结构。所以,冯·诺依曼是当之无愧的数字计算机之父。

计算机体系的功能

根据冯·诺依曼体系结构构成的计算机,必须具有如下功能:把需要的程序和数据送至计算机中。具有长期记忆程序、数据、中间结果及最终运算结果的能力。能够完成各种算术、逻辑运算和数据传送等数据加工处理的能力。能够根据需要控制程序走向,并能根据指令控制机器的各部件协调操作。能够按照要求将处理结果输出给用户。

基本组件

为了完成上述的功能,计算机必须具备五大基本组成部件,包括:输入数据和程序的输入设备;记忆程序和数据的存储器;完成数据加工处理的运算器;控制程序执行的控制器;输出处理结果的输出设备。

蒂姆·伯纳斯·李

蒂姆·伯纳斯·李,1955 年 6 月 8 日出生,英国计算机科学家。他的父母都参与了英国第一台商用电子计算机的设计工作。

1989 年 10 月,蒂姆·伯纳斯·李再次来到 CERN(欧洲核子研究组织),重新实现他的按内容组织和访问文件的思想。他把这种技术称为全球网(world wide web,简称 WWW 或 Web,中文翻译为万维网)。

欧洲核子研究组织的主业是研究高能物理,蒂姆·伯纳斯·李对万维网的研究开发实际上是副业,但他相信自己工作的重要性,并于 1990 年 12 月完成了世界上第一个万维网的服务器程序和浏览器的编码工作,万维网正式诞生了。到了 1991 年,万维网已在 CERN 内部广泛使用。同时,他在因特网上公开了万维网的全部技术资料和软件源码,供国际社会免费使用。

搜一搜

搜索:百度是谁创立的?任正非创立了什么公司?

各行各业都有其行业神,或称“祖师爷”的神明,如公司商店没有供奉神明,也都要前往庙里祭拜,寻求祖师爷对未来事业的庇佑。我们来做一个游戏,猜猜下列各行业的祖师爷都是谁:

(1)中华农耕文化的祖师:

(2)佛教的祖师:

(3)道教的祖师:

(4)教育界、儒教的祖师:

(5)瓦、木、石、绳、棚匠的祖师:

(6)铁匠、补锅匠、窑匠、金银业的祖师:

(7)鞋匠的祖师:

(8)泥塑、面塑行业的祖师:

(9)酒、醋、酱坊的祖师:

(10)造纸业的祖师:

在计算机界,你最佩服的人是谁?请写下他的名字,并从现在开始努力吧!

02 高效输入信息

技能训练目标

掌握快速盲打。能根据指定文稿在 10 分钟内输入 1000 个英文字母与字符,错误率不超过 2‰。

能够熟练使用搜狗输入法。在 10 分钟内能够通过键盘输入 300~500 个汉字与字符,错误率不超过 5‰。

熟练使用汉王 PDF OCR 软件识别文字。

坐在计算机面前,我们就会面对着键盘和鼠标这两个计算机最常用的输入设备,我们要学习的第一个内容就是高效输入信息。大家接触计算机时间很早,可能会觉得不就是打个字吗？谁不会呢？确实,大多数人只是能把一些字打进去而已,远远称不上会。请大家思考以下几个问题:你用什么输入法？遇到不认识的字怎么办？会输入一些特殊的符号吗？能区分全角与半角吗？你的速度快吗？你会用扫描仪吗？你会用语音输入吗？下面的时间我们还是来共同学习吧!

指法训练

熟练录入文本,成为职场“万金油”。打字这个“活”,对于计算机应用专业的入职者来说,就像人拿筷子吃饭那样是必备生存技能,如果你连这项基本功都拿不下,很多机会就会“悄悄在指缝间溜走”。

怎么打好字？一个字——“练”,两个字——“苦练”。有人这样分享自己的练习经验:打字功夫跟弹钢琴是一个道理,要年轻时练就,手指按下去要有力度,不能看键盘,只看书稿,要练盲打,字与字之间不能停顿。别人在旁边看她打字,只见手指在键盘上灵活地飞舞,打字声像流水一般。

合格:英文字母速度为 100B/s;

优秀:英文字母速度为 200B/s。

选用软件 1:金山打字通

金山打字通(TypeEasy)是一款功能齐全、界面友好、集打字练习和测试于一体的打字软件。循序渐进突破盲打障碍,短时间运指如飞,完全摆脱枯燥学习,联网对战打字游戏,易错键常用词重点训练,配有数字键,同声录入等 12 项职业训练等。

金山公司从 2002 年推出了金山打字通 2002,2008 年 11 月推出金山打字通 2008,并对用户完全免费,现最新版本为金山打字通 2018 版。

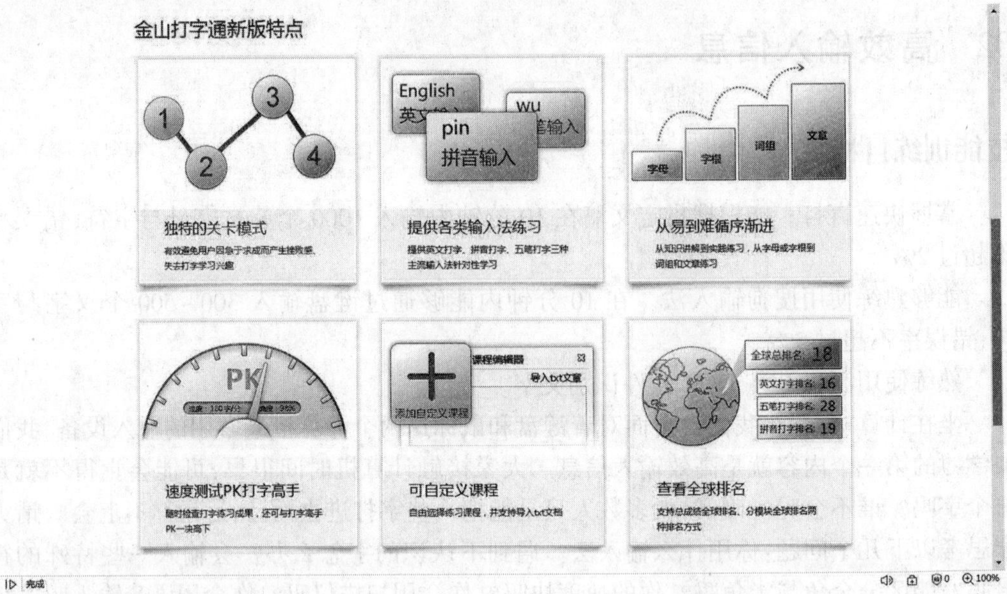

选用软件 2:打字高手 WWT

打字高手是一款非常不错的打字练习软件。可以让人人都成为打字高手,软件包括指法训练、五笔教学、英文测试、中文测试以及成绩查询。

指法训练可以进行基准练习以及各个键位区域练习,数字及小键盘数字练习,大小写字母练习及全键盘自由录入练习。内置漫游迷宫、圣诞礼物、采蘑菇三个指法小游戏,可以快速提高你对键盘的熟悉。五笔教学可以练习字根,键名汉字及成字字根编码练习、末笔交叉识别码练习,一二三四级简码练习,词组及文章录入练习,五笔编码查询、自动录入练习、拼音录入练习。卡证录入练习可以进行表格及卡片的专项录入练习。内置中英文测试系统,可以实时查看你的录入水平。查询功能能查询你的各项成绩记录。

提示：这是我们首次推荐软件。在以后的学习中，我们会不断地推荐优秀软件。大家知道，孙悟空再厉害也需要金箍棒不是？我们要成为计算机达人，当然需要优秀的工具了。但和孙悟空不一样，他可以随时从耳朵眼里掏出武器，而我们要把武器放在什么地方呢？以后告诉你。

注意事项

认识键盘：常见的键盘有101、104键等若干种，为了便于记忆，按照功能的不同，我们把这101个键划分成主键盘区、功能键区、控制键区、数字键区、状态指示区。

打字姿势：打字姿势归纳为直腰、弓手、立指、弹键。

正确的打字姿势：头正、颈直、身体挺直、双脚平踏在地；身体正对屏幕，调整屏幕，使眼睛舒服；眼睛平视屏幕，保持30~40cm的距离，每隔10分钟将视线从屏幕上移开一次；手肘高度和键盘平行，手腕不要靠在桌子上，双手要自然垂放在键盘上。

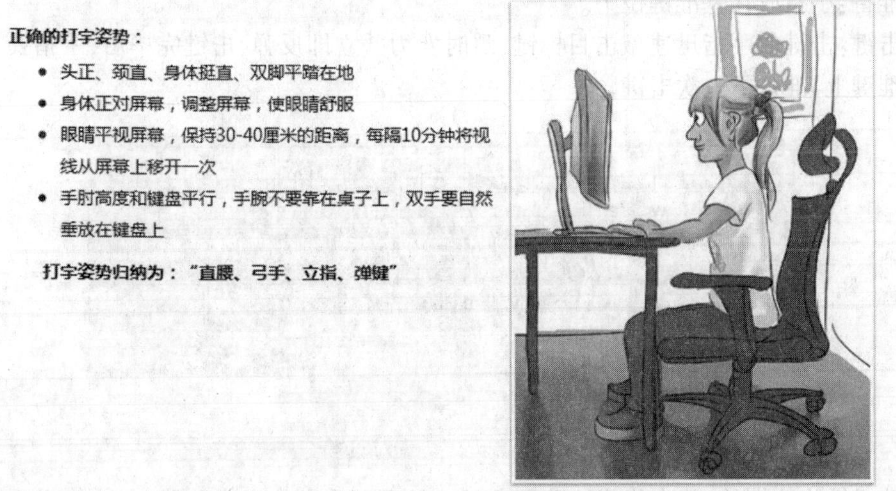

基准键位：主键盘区有8个基准键，从左至右分别是A S D F J K L。

其中F和J键上分别有一个小凸起，可通过它们找到基准键位。打字之前要将左手的食指、中指、无名指和小指分别放在F D S A键上，将右手的食指、中指、无名指和小指分别放在J K L ；键上，拇指都放在空格键上。

手指分工:打字时双手的 10 个手指都有明确的分工,只有按照正确的分工打字才能实现盲打及提高打字速度。

击键方法:

准备:手指放在基准键位上。

击键:击键的手指迅速敲击目标键,瞬时发力并立即反弹,击键完毕后,手指要立即放回基准键上,准备下一次击键。

针对性指法训练,找出你指法薄弱之处。练习可以分为九个阶段,各个击破。

①练习 asdfg 五个键;②练习 hjkl;五个键;③练习 asdfghjkl;十个键;④练习 qwert 五个键;⑤练习 yuiop 五个键;⑥练习 qwertyuiop 十个键;⑦练习 asdfghjkl;qwertyuiop 二十个键;⑧练习 zxcvbnm 七个键;⑨练习全部二十六个英文字母。

每个练习只有达到目标后才能进行下一个练习,目标为:盲打测试 1 分钟后,速度大于 100 字/分钟,准确率大于 95%。切记,在速度超过 20 字/分钟后,请再也不要看键盘了,宁肯速度和准确率都下降,也要努力地回忆欲打字母的位置。初学时养成的坏习惯是很难改变的。

选择输入法

小调查:大家使用什么输入法?

拼音输入法的优缺点

无论是现在还是将来,拼音输入法都是适合大多数人学习和使用的输入法。智能拼音输入法对我国计算机和互联网的普及和发展做出了重要的贡献。

智能拼音是在对大量汉字资料的分析和总结的基础上,归纳了大多数人组词组句的习惯,充分发挥现在计算机的高速度高性能,利用海量的词组资料和复杂的算法,可以做到较为准确的推测用户要输入的文字内容而实现智能选字,使智能拼音用户可以实现成句高速输入。

我们的教育系统最早就是从拼音开始教学的,因此现在大多数人都会用拼音;同时拼音字母基本上与英文键盘一一对应,所以拼音输入法对于中国人来说基本上不需学习就能够使用。并且输入速度会随着用户对键盘的熟练而自然快速提高。不像形码那样有早期痛苦的学习经历和长时间的练习适应过程。

智能拼音在使用过程中还不断学习用户的输入习惯,分析记录用户的常用词组语句,为用户提供进一步和更细致的帮助,所以对于用户来说,输入法使用得越多,就越觉顺手。

当然,拼音输入法也有一些缺点。遇到不认识的字、生僻字,再智能的拼音也无能为力,所以在求职和工作中,掌握使用一下手写输入是有必要的。输入单字也是拼音的"死穴",因为拼音只有 400 多种读音,平均每种读音要对应近 50 个汉字。语句输入时如行云流水,可一旦出现错别字回头修改,就只能打单字一个个地选,或者把词组打出来再删掉多余的字。用在需要大量输入汉字的正式工作场合,拼音的效率是不算高的。

过于依赖智能拼音输入法会造成"不识字"的情况,因为用拼音输入时我们其实不是在"打字",我们打的只是字的读音,尤其是在整句输入的时候,所有的字其实都是智能拼音给我们挑选出来的。所以经常会一旦脱离了计算机这个环境,有些字就变得不会写了,这对于中国人来说,无论如何都不能算是件好事吧。

鉴于搜狗拼音输入法的超高人气,我们优先推荐大家使用。下面仅介绍一些使用技巧,帮助大家增强使用体验。

输入法切换

将鼠标移到要输入的地方,点一下,比如打开 Word 软件,使系统进入到输入状态,然后按"Ctrl+Shift 键"切换输入法,按到搜狗拼音输入法出来即可。当系统仅有一个输入法或者搜狗输入法为默认的输入法时,按下"Ctrl+空格键"即可切换出搜狗输入法。希望大家能够记住这两个快捷键。

由于大多数人只用一种输入法,为了方便、高效起见,你可以把自己不用的输入法删除掉,只保留一个自己最常用的输入法即可。你可以通过系统的"语言文字栏"

右键的"设置"选项把自己不用的输入法删除掉(这里的删除并不是卸载,以后可以还通过“添加”选项添上)。

做一做:调整输入法。

翻页选字

搜狗拼音输入法默认的翻页键是“逗号(,)句号(。)”,即输入拼音后,按句号(。)进行向下翻页选字,相当于PageDown键,找到所选的字后,按其相对应的数字键即可输入。我们推荐你用这两个键翻页,因为用“逗号”“句号”时手不用移开键盘主操作区,效率最高,也不容易出错。

输入法默认的翻页键还有“减号(-)等号(=)”,“左右方括号([ ])”,你可以通过“设置属性”→“按键”→“翻页键”来进行设定。

全拼、简拼

全拼

全拼输入是拼音输入法中最基本的输入方式。你只要用Ctrl+Shift键切换到搜狗输入法,在输入窗口输入拼音即可输入。然后依次选择你要的字或词即可。你可以用默认的翻页键是“逗号(,)句号(。)”来进行翻页。

全拼模式:

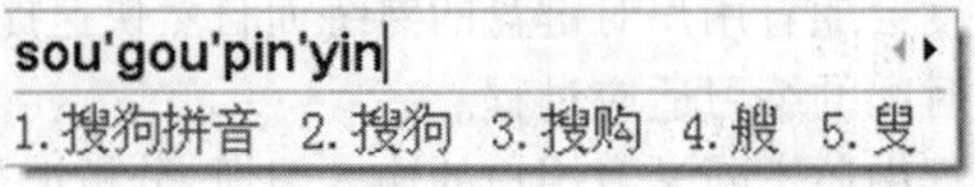

简拼

简拼是输入声母或声母的首字母来进行输入的一种方式,有效的利用简拼,可以大大提高输入的效率。搜狗输入法现在支持的是声母简拼和声母的首字母简拼。例如:你想输入“张靓颖”,你只要输入“zhly”或者“zly”都可以输入“张靓颖”。

同时,搜狗输入法支持简拼全拼的混合输入,例如:你输入“srf”“sruf”“shrfa”都是可以得到“输入法”的。

请注意:这里的声母的首字母简拼的作用和模糊音中的“z,s,c”相同。但是,这属于两回事,即使你没有选择设置里的模糊音,你同样可以用“zly”可以输入“张靓颖”。有效的用声母的首字母简拼可以提高输入效率,减少误打。例如,你输入“指示精神”这几个字,如果你输入传统的声母简拼,只能输入“zhshjsh”,需要输入的多而且多个h容易造成误打,而输入声母的首字母简拼,“zsjs”能很快得到你想要的词。

简拼模式1:

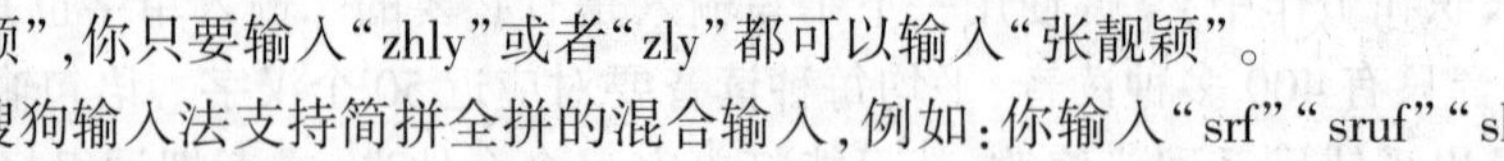

简拼模式2:

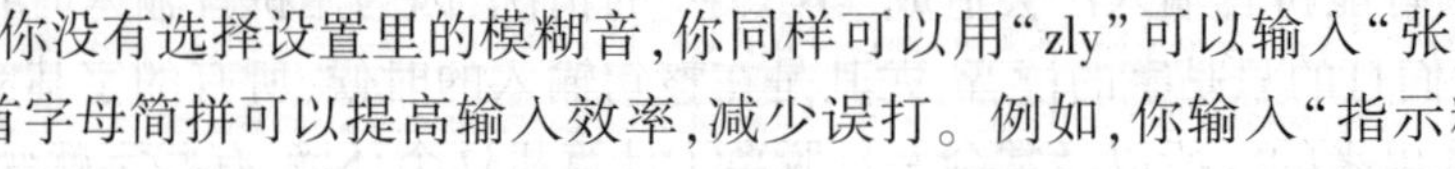

还有,简拼由于候选词过多,可以采用简拼和全拼混用的模式,这样能够兼顾最少输入字母和输入效率。例如,你想输入“指示精神”,则输入“zhishijs”“zsjingshen”“zsjingsh”

“zsjingsh”“zsjings”都是可以的。打字熟练的人会经常使用全拼和简拼混用的方式。

中英文输入

输入法默认是按下“Shift”键就切换到英文输入状态，再按一下“Shift”键就会返回中文状态。用鼠标点击状态栏上面的中字图标也可以切换。

除了“Shift”键切换以外，搜狗输入法也支持回车输入英文，和V模式输入英文。在输入较短的英文时使用能省去切换到英文状态下的麻烦。具体使用方法是：

回车输入英文：输入英文，直接敲回车即可。

V模式输入英文：先输入“V”，然后再输入你要输入的英文，可以包含@＋*/-等符号，然后敲空格即可。

中文标点：、，；。：？“”‘’！（）

英文标点：, ; . : ? "" '' ! ()

全角字符：ａｂｃｄｅＡＢＣＤＥ１２３４５一二三四五

半角字符：abcdeABCDE12345 一二三四五

注意：输入时，中文使用中文标点，英文使用英文标点，不要中英文标点混用。主要内容为中文的可以统一使用全角字符或半角字符。

请指出下面一段话的问题：

过完了春节,新的学期,我是继续玩呢,还是跟着老师学点技术呢？这还是个问题,看看是不是有趣再说吧！我打及格字试试手,我的水平很高的!

再那２０01年,学了ABCD,还是ＡＢＣＤ,长的怎么不一样？为什么?

人名输入

搜狗输入法有个工具箱，输入人名后，输入框有“工具箱(分号)”的提示，按“;”后会出现九个小工具，再按“R”就进入人名模式，选择你想要的人名：

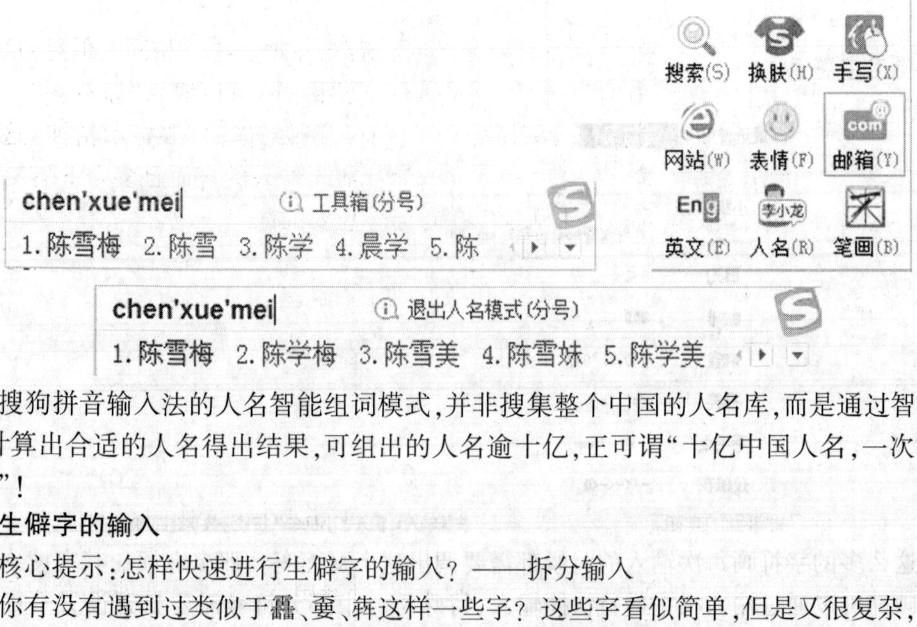

搜狗拼音输入法的人名智能组词模式，并非搜集整个中国的人名库，而是通过智能分析，计算出合适的人名得出结果，可组出的人名逾十亿，正可谓“十亿中国人名，一次拼写成功”！

生僻字的输入

核心提示：怎样快速进行生僻字的输入？——拆分输入

你有没有遇到过类似于靐、嫑、犇这样一些字？这些字看似简单，但是又很复杂，知道组成这个文字的部分，却不知道这个文字的读音，只能通过笔画输入，可是笔画输入又较为烦琐,所以搜狗输入法为你提供便捷的拆分输入,化繁为简,生僻的汉字让你轻易输出:直接输入生僻字的组成部分的拼音即可!

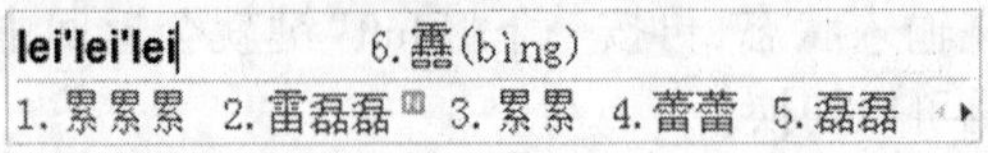

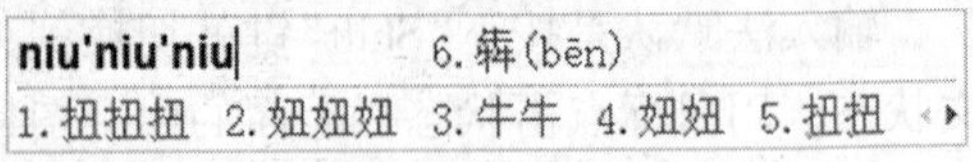

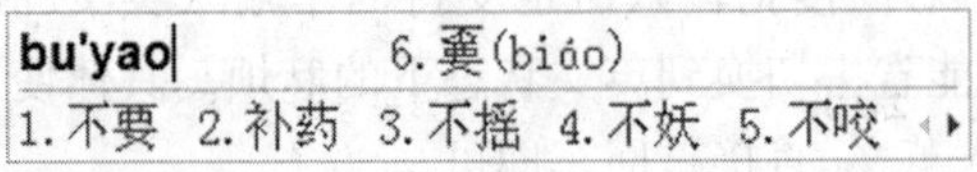

输入特殊字符与表情字符画

搜狗输入法的实用功能:"表情 & 符号"输入。它不仅涵盖了大量的特殊符号如标点、数字、数学、希腊符号等,还预置了几百款搜狗表情和字符画,在写文章做论文时能快速的输入需要的特殊字符,在聊天泡论坛时也可随手可爱的字符画表达你的心情,很酷的。

使用搜狗输入法的"表情 & 符号"

用鼠标右键点击搜狗拼音输入法的导航栏,或点击导航栏上的小钳子图标,在弹出的设置菜单里选择"表情 & 符号"打开,此菜单可以看出此功能分为四部分:搜狗表情;特殊符号,分为 12 种;字符画;日期时间。

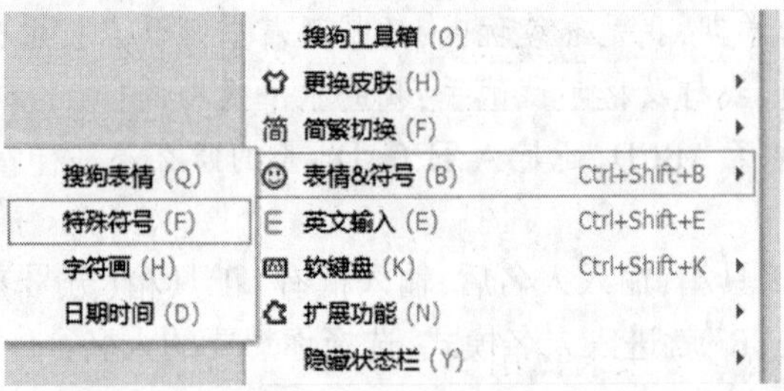

使用字符画

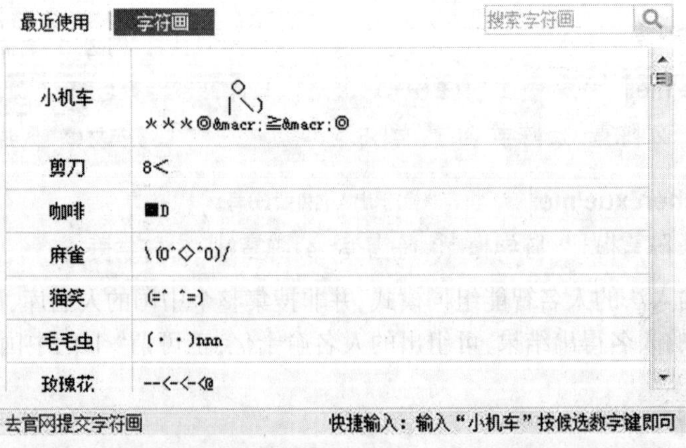

这么多的字符画每次输入的时候都需要调出这个页面吗?那多麻烦!其实搜狗表情字符画都可以通过输入汉字进行快捷输入,特殊符号中部分符号需要打开设置页面。搜狗表情与字符画在输出相关拼音的时候默认在第五选项,选择 5 即可得出相应结果。

例:输入“haoa”第5候选项即是“好啊”对应的搜狗表情:

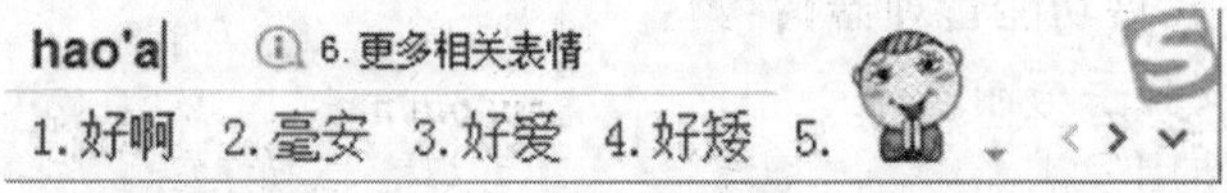

例:输入“左”第5候选项即是“左方向箭头”对应的特殊字符:

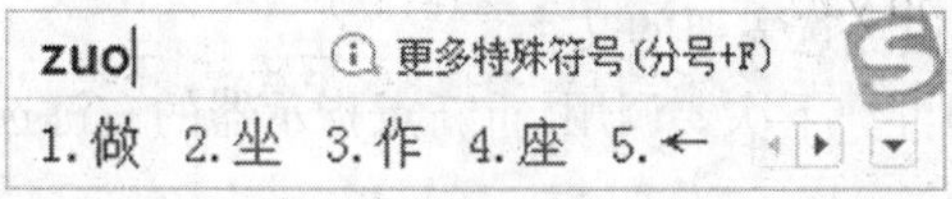

例:输入“meigui” 第5候选项即是“玫瑰”对应的字符画,鼠标放到选项5可预览效果:

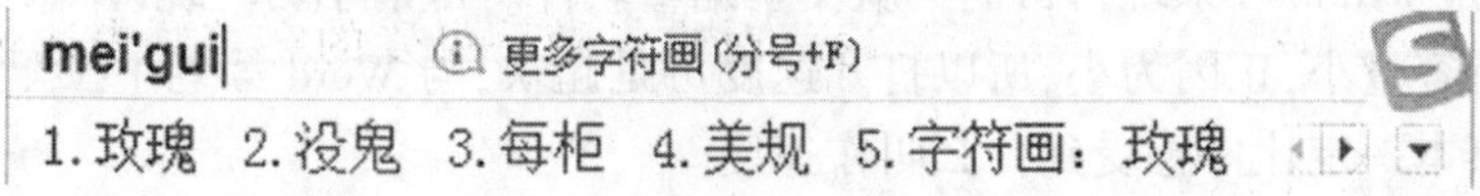


```
      /  \./  \/\_       I Hand You
   __{^\_ _}_   )   }/^\        A Rose...
  /  /\_/^\._}_/  //   /
 (  (__{(@)}\__}.//_/__A___A______A_______A______A____
 \__/{/(_)\_}    )\\ \\---v----V-----V--Y----v---Y-----
   (   (__)_)_/   )\ \>
    \__/       \__/\/\/
       \__,--'
```

做一做:下载搜狗输入法安装试用。

手写输入

遇到不认识的字可不可以手写啊!搜狗拼音输入法的扩展手写输入功能,我们来试试吧。

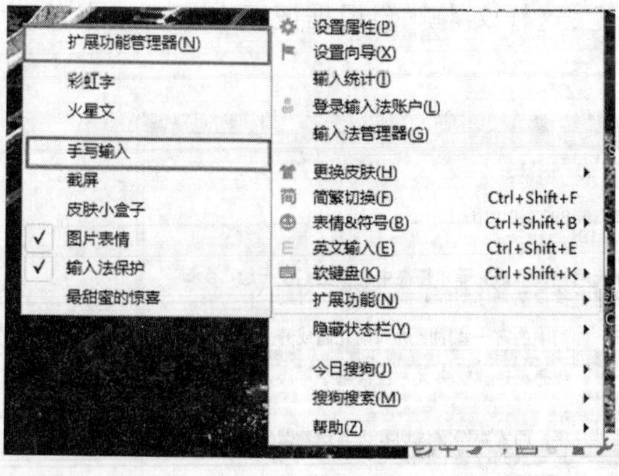

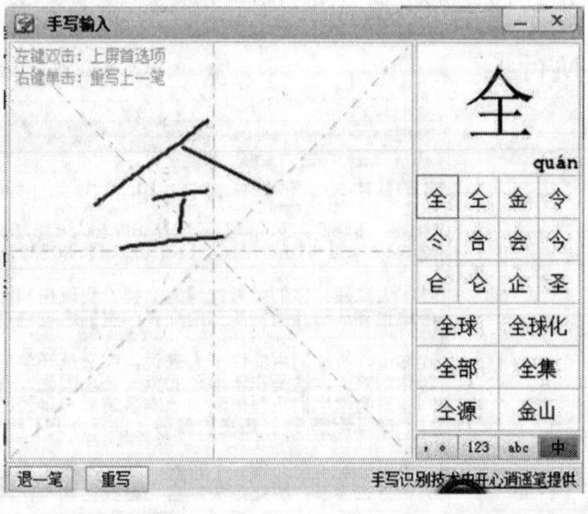

第一步:你的电脑肯定要安装有搜狗拼音,并且切换到此输入法状态,这个就不多说了;

第二步:对着搜狗拼音指示器的S图标点右键-选择“扩展功能”;

第二步:点击“扩展功能管理器”;

第三步:点击安装手写输入;

第四步:点击使用;

第五步:按住鼠标左键写字,写错了可以点撤销或重写,光标插入要输入文字的地方,如QQ聊天窗口,并在右边点选需要的文字。

不用了,直接关闭即可。下次要调用,重新点指示器的右键选择。

记事本的使用

记事本是Windows系统自带的一款文字编辑软件。可谓小巧玲珑,体积小,占用内存小,当然还有容量小,正因为小,所以打开速度可是超快,与Word等老牛拉车式的软件相比,使用记事本一定让你感受到什么叫作速度。

插入日期时间

既然是记事本,记个事当然要插入日期时间了,如图,也可能直接按F5。

自动换行

每次打开记事本文件总是显示一行长长的文本,阅读起来一点不方便,其实只要选择菜单栏上的“格式”,然后将“自动换行”勾选上,这样文本就会根据记事本窗口大小自动换行了。

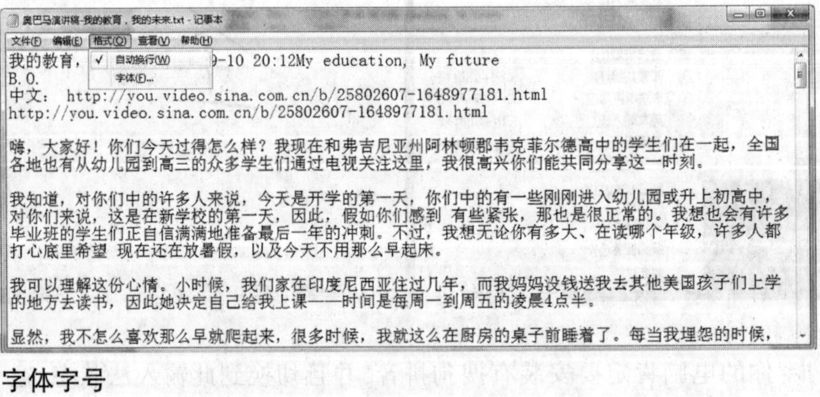

设置字体字号

如果字体看起来不舒服,或者字号太小,可以设置字体字号,如上图。

保存

你建立一个文件当然要保存了,经常保存是一个好习惯,而不是等到全部做完了才保存。记住按"Ctrl+S"键。

还可以做得更多:

1.让记事本自动记录上次打开的时间

方法:在记事本的第一行写上".LOG"(不包括引号并且为大写字母,注意前面有个点),这样今后打开记事本文件就知道上次最后的打开时间了。

2.利用记事本浏览网页特效

做网页的话一定会经常测试一些网页特效,反正我就是经常测试一些好玩的代码,每次打开一些网页编辑器或者软件实在麻烦(速度实在是慢),其实利用记事本就可以轻松完成,而且记事本的速度可是超快。

方法:将想要测试的网页代码粘贴到记事本,选择"文件"—"另存为",文件名选择英文或者英文+数字的形式,后缀为.html,比如 haha.html。然后打开 IE 浏览器选择"文件"—"打开",找到刚才的 haha.html 文件并且打开,这样就可以在浏览器中预览网页效果了。

3.利用记事本过滤非文本信息

记事本只能记录纯文本,利用这点我们可以将网上复制来的东西(可能包括文本、图片、表格等等)中的非文本信息滤除掉,而使用 Word 会发现什么表格,人工分行符,段落格式标记等等一系列的琐碎问题非常多,手工删除又特别麻烦。如果只是想复制文本,那么可以先将网页中的内容复制到记事本中以过滤图片等多余信息,然后再从记事本将文本复制到 Word 做进一步的编辑,这样就可以获得真正纯净的纯文本了。

任务

1.下载一种输入法——搜狗输入法、极点五笔输入法

2.做字符画

3.阅读:奥巴马演讲稿-我的教育,我的未来

其它输入法

汉字输入方法分类

键盘输入法:是通过键入汉字的输入码方式输入汉字,通常要敲击 1~4 个键输入一个汉字,它的输入码主要有拼音码、区位码、纯形码、音形码、形音码等。

非键盘输入法:常见的有手写输入法、语音输入法、OCR 扫描输入法。

语音输入法

对手写输入法,我们已经练习过了,作为拼音输入法一个补充。而对智能手机来说,手写输入法和语音输入法大行其道,但在计算机上怎样进行语音输入呢?其实搜狗输入法就有语音输入,只需要对准话筒说话,计算机就自动识别出文字。这个功能非常好用,识别率也很高。

准备工作:安装搜狗输入法,安装麦克风并能正常使用。

首先,我们需要将计算机输入法切换到搜狗输入法,之后,我们可以很明显地看到搜狗输入法状态栏中是没有语音输入的,如图所示:

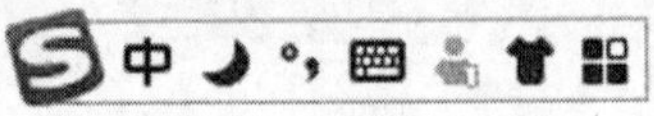

之后点击输入法状态栏最右侧的工具箱按钮打开工具箱,点击“语音输入”之后就可以实现语音输入了,如果这里没有语音输入,如图所示:

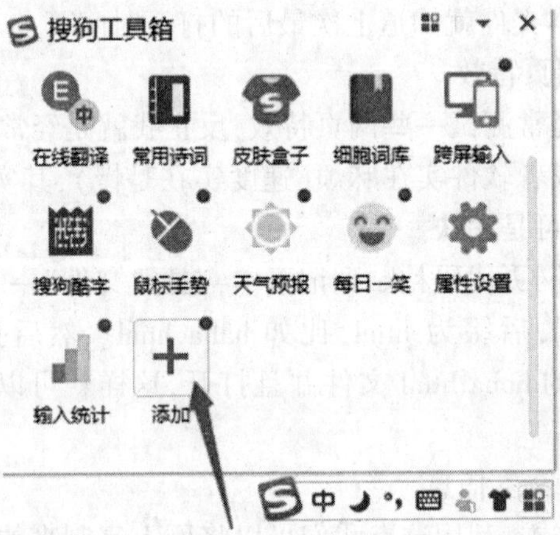

点击工具栏中的添加,然后在应用中心的下面找到今日推荐,在今日推荐的右边就可以找到语音输入,点击添加就可以了,如图所示:

然后我们再次点击工具栏图标,就可以看到我们添加的语音输入了,如图所示:

如何使用搜狗输入法实现语音输入?以上方法可以实现语音输入,但是没有显示在状态栏中,这时我们就点击 S 图标,然后在语音输入的图标上面勾选上,然后点击确定就可以了,如图所示:

使用时，单击“语音”图标，出现语音框，点击图标，对准话筒用普通话说，软件会自动识别，文字就会接连输入了。大家快试一下吧！

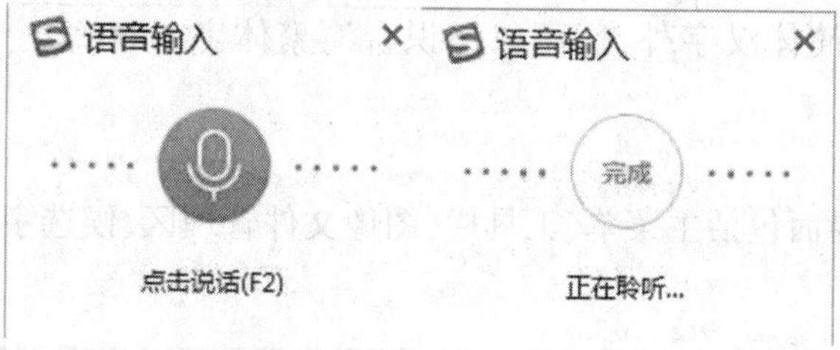

OCR 扫描输入法

有时我们还要将印刷文稿输入计算机，如何做呢？最好的方法就是用扫描输入法。

准备工作：安装扫描仪，安装扫描仪软件，即汉王 PDF OCR。

因为扫描仪品牌很多，而使用方法大同小异，这里介绍一下通用技巧。

首先，用扫描仪将书本文字资料扫描成电子档，扫描电子档一般有两种格式——图片格式和 PDF 格式。然后打开扫描图片转换工具，就像截图一样选择扫描图片上要转换成 Word 的文字区域。

本节有两个关键任务：①练习使用扫描仪；②练习使用汉王 PDF OCR 软件。

扫描仪

扫描仪(scanner)，是利用光电技术和数字处理技术，以扫描方式将图形或图像信息转换为数字信号的装置。

扫描仪通常被用于计算机外部仪器设备，通过捕获图像并将之转换成计算机可以显示、编辑、存储和输出的数字化输入设备。扫描仪对照片、文本页面、图纸、美术图画、照相底片、菲林软片，甚至纺织品、标牌面板、印制板样品等三维对象都可作为扫描对象，提取和将原始的线条、图形、文字、照片、平面实物转换成可以编辑及加入文件中的装置。扫描仪中属于计算机辅助设计(CAD)中的输入系统,通过计算机软件和计算机,输出设备(激光打印机、激光绘图机)接口,组成网印前计算机处理系统,而适用于办公自动化(OA),广泛应用在标牌面板、印制板、印刷行业等。

汉王 PDF OCR

《汉王 PDF OCR》V8.0 版权属于汉王科技股份有限公司所有。免费授权非商业用途任意使用和复制本软件,不得将本软件用于商业用途。

目前,许多信息资料需要转化成电子文档以便于各种应用及管理,但因信息数字化处理的方式落后,不但费时费力,而且资金耗费巨大,造成了大量文档资料的积压,因此急需一种快速高效的软件系统来满足这种海量录入需求。本软件系统正是适用于个人、小型图书馆、小型档案馆、小型企业进行大规模文档输入、图书翻印、大量资料电子化的软件系统。

●识别字符

简体字符集:国标 GB2312—80 的全部一、二级汉字 6800 多个。

纯英文字符集。

简繁字集:除了简体汉字外,还可以混识台湾繁体字 5400 多个以及香港繁体字和 GBK 汉字。

典型操作

工程图像识别界面包括主菜单、工具栏、图像文件管理区、候选字区、识别结果区以及原图像显示区。

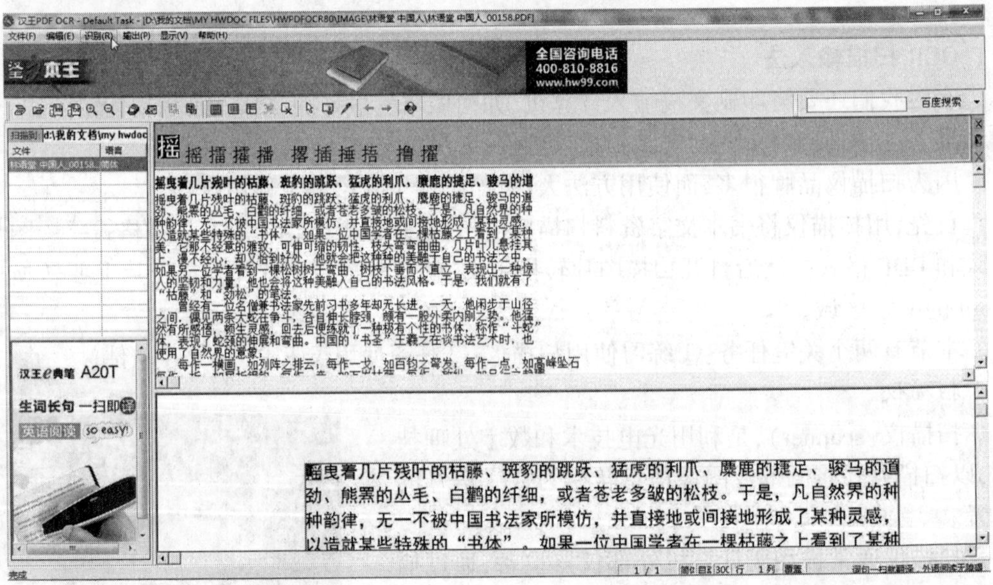

最常用的按钮

扫描:第一个按钮,如果准备好的扫描仪和扫描内容,可用此功能;

打开文件:第二个按钮,选择打开图像文件的路径,图像文件便显示在管理区用鼠标可将图像文件拖拽到管理区,也可将打开的图像页复制、粘贴到管理区。

转换成文件:第三、四个按钮,将 PDF 文件直接转换成 RTF 或 TXT 文件。

开始识别:最后一个按钮,选中要识别的图像页,点击按钮或选择“识别”菜单上的“开始识别”命令,对所选图像进行版面识别。

检查识别结果

识别过的图像,系统会将识别结果在识别窗口中显示出来。如果没有识别的图像,识别窗口为灰色。

字符校对

(1)字符校对:对照随行显示的当前字符的原始图像校正识别结果。

(2)字符修改:选择当前字的候选字替换识别有误的字,也可以调出输入法输入正确的字符。

(3)字符编辑:在文本编辑区内可以进行退格、删除、撤销等操作。在“编辑”菜单内选择“剪切”“复制”或“粘贴”,可以对选定的文字做相应的操作。

当然,智能手机也有类似的软件可以实现 OCR 扫描输入,大家可以自行学习。

03 网络浏览——浏览器和百度首页

技能训练目标

掌握 IP 地址和域名的概念。

能熟练利用搜索网站搜索所需的信息。

能正确、熟练下载所需的资源。

熟练使用百度首页保存常用网址。

预备知识

IP 地址

在 IPv4(互联网通信协议第 4 版)中,IP 地址是一个 32 位的二进制地址,写成 4 个十进制的数字字段,中间用点隔开,如 192.168.0.1,是一个内部局域网使用的 IP 地址。

IPv4 使用 32 位地址,地址空间中有 2^{32} 个地址,在 IPv6 中使用了 128 位地址,因此,IPv6 具有比 IPv4 大得多的地址空间,可以解决 IPv4 地址不足的问题。

域名系统

由于用数字难于记忆,人们又采用英文符号来表示 IP 地址,这就产生了域名系统(DNS),并按地理和机构类别来分层。域名也由几部分组成,每个部分称为域,域与域之间用“.”隔开,最末的一组叫域根,前面的叫子域。

随着 Internet 的不断发展壮大,国际域名管理机构又增加了国家与地区代码这一新根域名,采用国家(地区)的英文名称的缩写作为根域名中的国家代码。

比如要想访问百度服务,我们需要域名:www.baidu.com,而此域名可能对应着 182.61.200.6 这个 IP 地址。

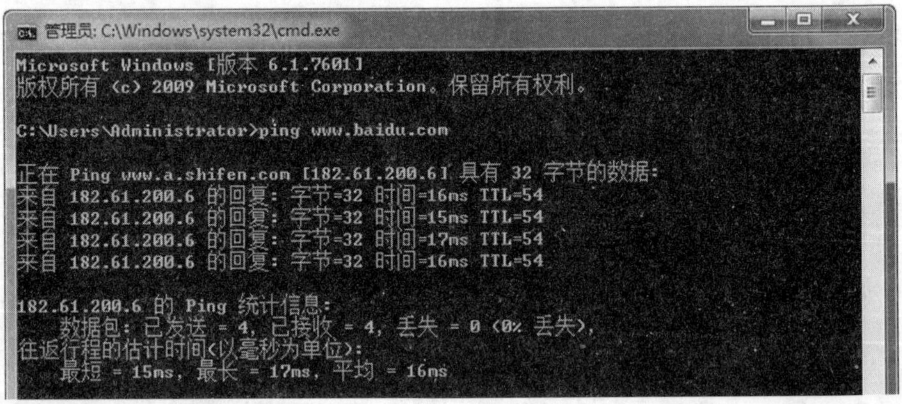

搜索与浏览网络信息

我曾经遇到过一件让人哭笑不得的事情。有一次上课时,我要求学生打开 IE 浏览器,可学生无动于衷,我指导几个学生打开之后,听到有人小声说,打开百度就行了。原来是这样:他们认为桌面上那个 IE 图标是百度。真是众里寻她千百度,站在对面手难牵啊。

今天,万维网已成了因特网上的主要应用。人们通常说的上网,一般都是访问一个类似于 www.baidu.com 的网址,就是上万维网。

浏览网络信息需要一个工具,这个工具就是网页浏览器。搜索网络资源也需要一个工具,这个工具就是搜索引擎。目前用于浏览网络信息的网页浏览器有很多,如 IE、火狐、谷歌等;提供搜索服务的搜索引擎也有很多,如百度、谷歌、360 搜索等。

浏览器,早就成为最重要的上网入口,IE 浏览器更是一直早早就在桌面上等着你。今天的内容也许大家都知道点,但是很重要、很常用,所以统一练习一次,以后就默认大家都会了。

设置首页

运行 IE 浏览器时会打开一个默认主页。我们可以把最常用的网页作为主页。

方法:IE 首页的修改可以通过 IE 工具栏里的“工具”-“Internet 选项”-“常规”-“主页”功能模块来实现。在弹出的对话框里,只要在“主页”的地址栏中输入自己经常使用的网址,或者先打开要设为主页的网页,然后再点击下面的“使用当前页”按钮就可以将其设为自己的 IE 首页了。如果是点击了“使用默认页”则一般会使 IE 首页调整为微软中国公司的主页;至于“使用空白页”选项则是让 IE 首页显示为“blank”字样的空白页,便于我们输入网址。

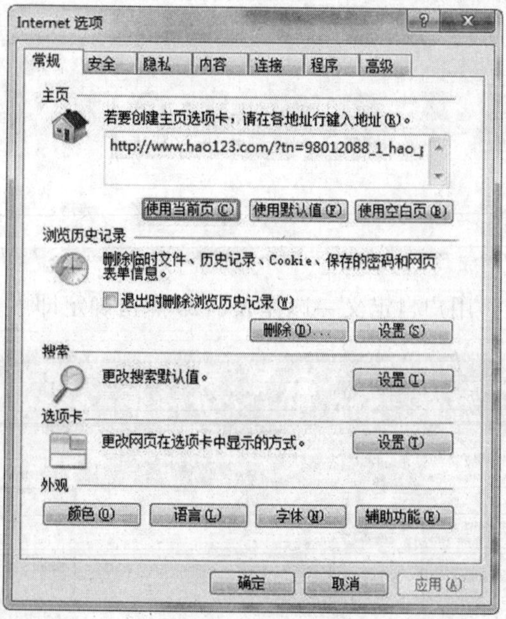

练习:请将百度或者 hao123 作为个人的主页。

点击浏览器上方菜单的“工具(Tools)”选项,选择“Internet 选项(Internet Options)”,如下图所示:

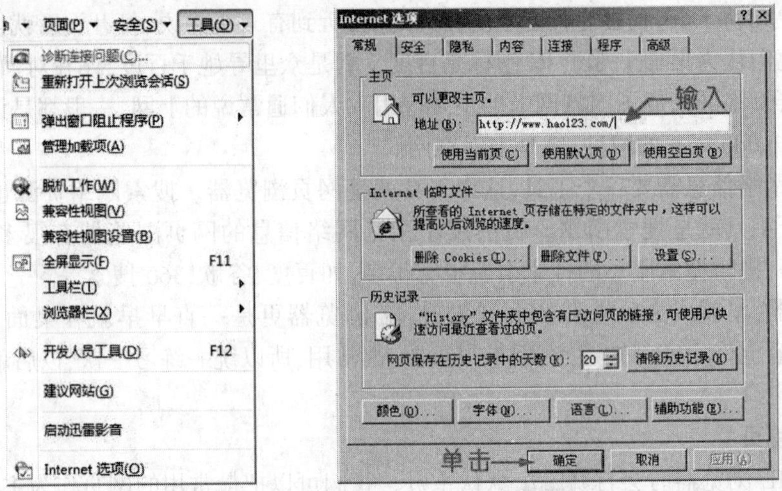

在弹出的对话框中“主页”空白处填入 http://www.hao123.com，然后点“确定”即可。如上图所示。

如果计算机上安装了安全软件，如金山卫士，则需要这样做：

(1)打开金山卫士主界面，依次点击百宝箱—系统优化—实时保护；

(2)点击立即锁定—用户自定义—选择 hao123 点击确定即可。

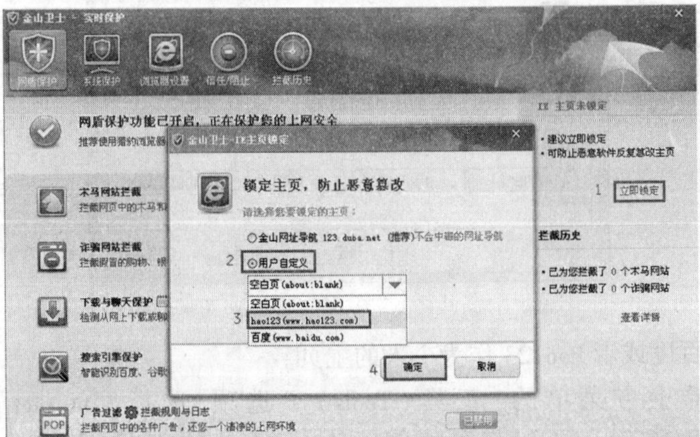

在计算机上保存完整的网页内容

在 Internet Explorer 中,可以通过"文件"菜单的"另存为"一项将当前页面的内容保存到计算机中,既能以.HTML 文档(.HTM/.HTML)或文本文件(.TXT)的格式存盘,又能实现完整网页的保存,在"文件名"框中键入网页的文件名,在"保存类型"下拉列表中选择"Web 网页,全部(*.htm;*.html)"选项,选择该选项可将当前 Web 页面中的图像、框架和样式表均全部保存,并将所有被当前页显示的图像文件一同下载并保存到一个"文件名.file"目录下,而且 Internet Explorer 将自动修改 Web 页中的链接,可以方便地离线浏览。最后,单击"保存"按钮即可。

网络信息的搜索

在搜索引擎的搜索框中输入关键字,如要查找与办公自动化相关的网页,在搜索框中输入"办公自动化",再单击"百度一下"按钮,搜索引擎开始搜索,并将查找到的网页显示出来供用户参考。在单击想了解的超链接前,请留意有关"广告""官网"等的提示。

下载文件

马上要用到 PDF 阅读器,请使用百度搜索并下载一款阅读软件。

比如我们找到一款福昕 PDF 阅读器,点击合适的下载按钮如"本地电信 1",在弹出的下载对话框中选择"保存"按钮,然后选择要保存的位置,最后单击"保存"按钮,等待下载完成。

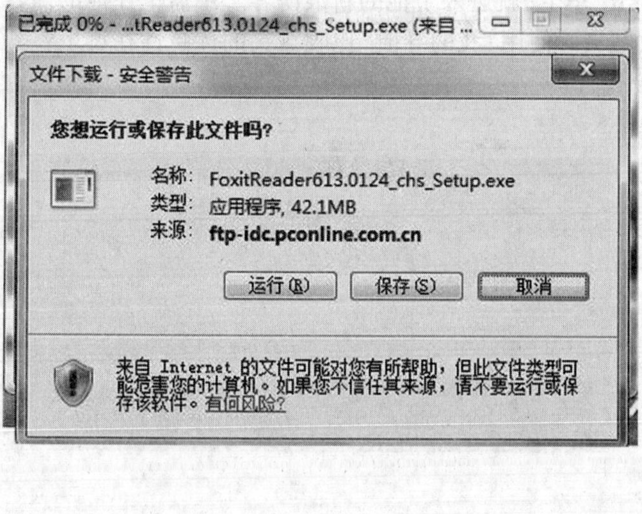

百度首页的功能

我们之所以使用计算机,是因为通过计算机能够方便地访问互联网,计算机仅仅是互联网的一个终端设备。特别是现在上网设备趋于多样化,手机更成了越来越重要的上网设备。如果需要更好的网上冲浪体验,一定要用百度首页。

百度,你记得百度的网址吗?众里寻她千百度,没有百度,如何搜索?

打开浏览器,进入百度。我们至少应该记住一个网络搜索引擎的网址,如百度的网址:http://www.baidu.com。

百度首页非常简洁。我想看今天的热点新闻,一键就行。我想找首歌,非常简单。我想知道乔布斯是谁?百度一下。喔,我知道了。

百度新版首页

你见过这样的百度首页吗?观察一下,这两个页面有什么区别。网页的地址是一样的。新页面有天气、背景,有我的常用网址。比如我想看看著名经济学家华生先生发表了什么新文章,我点击"华生"就进入了他的新浪博客。不需记住他的博客地址。

知识链接:收藏夹。使用"我的导航"比收藏夹的优越性在哪里?

注册百度账号

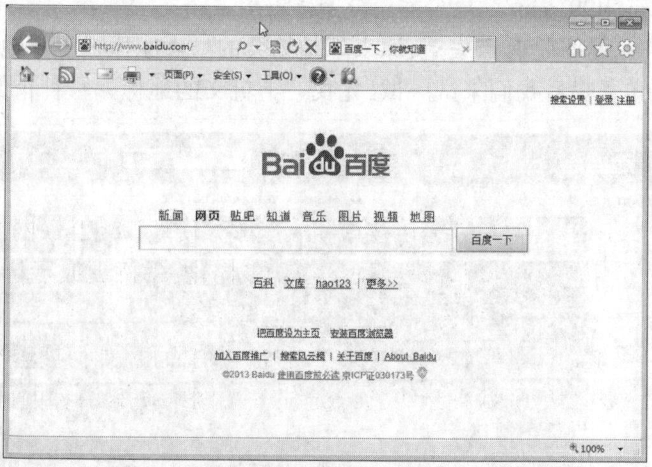

那你怎么才能拥有这样的一个百度首页呢？很简单，注册一个百度账号。注意右上角了没有？那是我的账号，已经登录了。我退出。

现在我们来注册一个新账号。只要有手机号就可以注册，以前可以用邮箱。

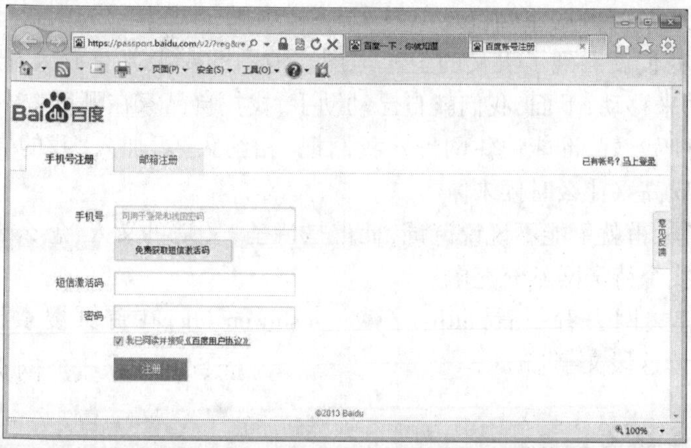

按照提示注册完成，一定要记住你的账号和密码。

注册过程比较简单，按照提示一步步做就行了。需要注意的是：用手机号注册时，手机要在身边，因为需要接收短信激活码。

登录百度

请大家登录，进入自己的个人百度首页。是不是没有我的好？没有关系，下面我们配置一下，立即漂亮起来。

搜索栏下面有“我的关注”“推荐”“导航”“小说”四个栏目。左上角可以看到当前郑州天气。如果想更漂亮些，单击上图中“换肤”按钮，选一个漂亮的背景做新衣服，最好透明一点，呵呵！

有了这个好工具，我们就可以不断地把好的网址加进来，一年后，我们比一比，看谁的“我的关注”有更多、更好的网址，看谁还是上网不管三七二十一直接百度搜索，没有自己的常去之处，还是菜鸟一只。

下面还是跟我来吧！分享两个好网站给大家。第一个:相约久久。网址:

http://www.meet99.com/

我们进去看看,是不是有点失望,原来不是约会的！大家用过卫星地图吗？知道卫星地图里自己家的样子吗？我们来试一试,先找一下巩义的地标——杜甫像。

点击“卫星地图”,再从左侧目录中依次点击“中国”“华中”“河南省”“郑州市”,找到“巩义市”单击,我们就看到了巩义的卫星地图。地图的左上方有放大和缩小按钮,可以直接用鼠标拖动来移动,下面,我们就自己动动手,找找自己家在哪里。

这个网站好吗？好,谁能记住网址？我们把“相约久久”加入“我的导航”,就再也不用记了,什么时候高兴什么时候来。

既然提到了杜甫就不能不说说诗词,杜甫是诗圣,又是巩义人,怎么也得知道几首诗吧。要不,我们找个诗词网站充充电。

我们到古诗文网去看一看,http://www.gushiwen.org,在首页搜索栏直接输入“杜甫”,点搜索,读读这段文字:

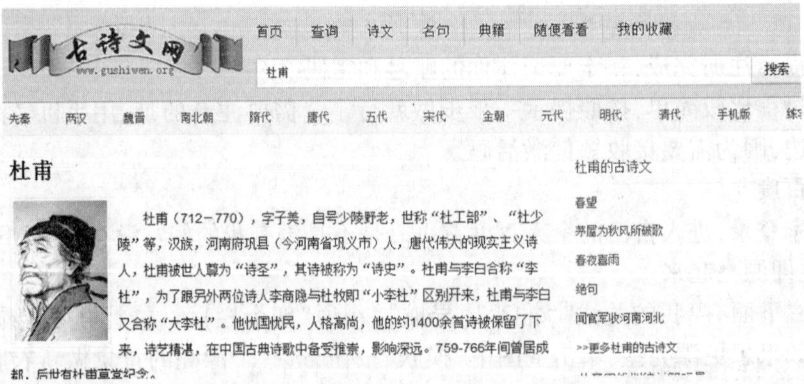

会背“春望”吗？在右侧“春望”上点击,“国破山河在……”扑面而来,下面还有译文、有注释。不错吧。

春望

朝代：唐代
作者：杜甫
原文：

国破山河在，城春草木深。感时花溅泪，恨别鸟惊心。

烽火连三月，家书抵万金。白头搔更短，浑欲不胜簪。

(8115人评分) 8.2

写翻译 写赏析 纠错 收藏 分享 评分：☆☆☆☆☆

参考翻译 写翻译

译文及注释

译文国都已被攻破，只有山河依旧存在，春天的长安城满目凄凉，到处草木丛生。繁花也伤感国事，难禁涕泪四溅，亲人离散鸟鸣惊心，反增离恨。多个月战火连续不断，长久不息，家书珍贵，一信难得，足矣抵得上万两黄金。愁白了头发，越搔越稀少，少得连簪子都插不上了。注释国：国都，即京城长安(今陕西西…

那句“月是故乡明”出自哪首诗？再搜一下，原来是“月夜忆舍弟”。

诗文
作者
典籍

月夜忆舍弟

作者： 杜甫 8.0(1853人评分)

戍鼓断人行，边秋一雁声。(边秋 一作:秋边)露从今夜白，月是故乡明。有弟皆分散，无家问死生。寄书长不达，况乃未休兵。…

如果你在写作的时候想引用诗句，你看这样是不是可以帮到你。在网页最顶端单击“名句”，看下方的“古诗分类”，根据你的需要选择合适的分类就可以找到了。比你用百度是不是更好？

古诗分类

唐诗三百首 古诗三百首 宋词三百首 宋词精选
古诗十九首 诗经 楚辞 乐府 小学 初中 高中
写景 咏物 春天 夏天 秋天 冬天 写雨 写雪
写风 写花 梅花 荷花 菊花 柳树 月亮 山水
写山 写水 长江 黄河 儿童 写鸟 写马 田园
边塞 地名 节日 春节 元宵 寒食 清明 端午
七夕 中秋 重阳 怀古 抒情 爱国 离别 送别
思乡 思念 爱情 励志 哲理 闺怨 悼亡 写人
老师 母亲 友情 战争 读书 惜时 忧民 婉约
豪放 民谣 全唐诗 全宋词 全元曲

文言文分类

小学 初中 高中 古文观止

请讲一讲，你还发现了百度的什么好东西？

怎样设置个性百度新首页

只要你有百度账号，登录百度首页以后，你会发现首页变了，增加了“我的关注”“推荐”“导航”“小说”四个新的栏目。那么我们可以很好地设置这几个栏目，来打造属于我们自己的个性百度首页。

我们先打开百度搜索页面，然后点击右上角的登录按钮，进行登录，登录完后出现如下页面。

新增加了几个新的栏目，我们一项项来讲解如何设置。

首先我们设置导航栏。导航栏中可以设置我们经常访问的一些网页。点击此栏右上角处 编辑 设置按钮弹出设置界面如下：

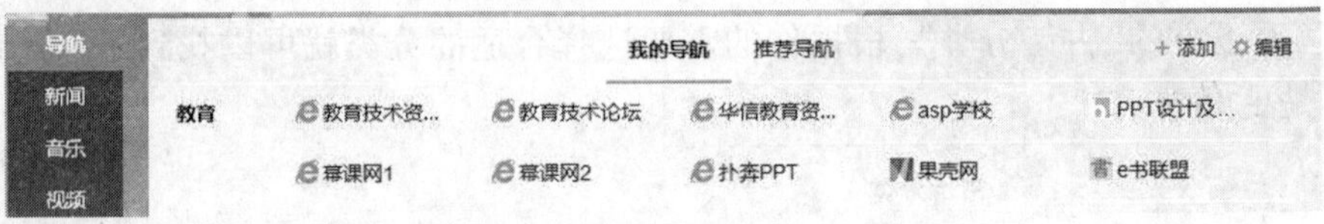

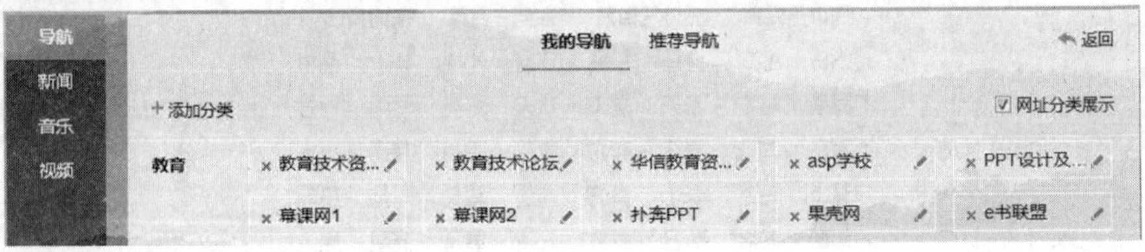

单击×可以删除你不需要的网址，在网址上移动可以移动网址的顺序，如下图。单击✎可以修改网址名称和网址，如下图。通过单击 + 添加分类 增加网址分类。做完之后单击 返回 返回。

点击“我的专注”栏右侧的“添加”按钮，我们可以自行添加经常访问的网站。

接下来一栏是“推荐”，这里提供了当前网络关注度较高的一些新闻。点击“实时热点”右侧的换一换，可以切换新闻热点。

大家还没有百度账号的就来注册吧，已经有的就来体验新功能吧！

04 随身百宝箱——百度网盘

技能训练目标

掌握百度网盘的使用。

创设情景

其实,现在我们已经是数字化生存,信息的交流和数据的共享几乎无处不在。随着学习的深入,我们需要的软件越来越多,迫切需要一个随身携带的百宝箱,还需要快速的与好友分享感兴趣的资源功能。一本有版权的电子书,一部电影那么大的数据量,都可以放在里面。用 U 盘也是一个方法,但如何给远方的朋友分享呢？丢了怎么办？现在就把我们的百度网盘请出来吧。

你分享一个文件让朋友下载使用,不要账号登录就能下载,分享文件给好友很方便,不用麻烦好友登录,直接下载就行了。

空间大小:起步 5G, 以后可以通过任务增加容量。

好友分享的文件可以秒存到自己网盘中。什么时间用,就什么时间下载下来用,方便吧。

可以上传大文件。

使用方法

也许是酒香不怕巷子深,百度网盘不像百度文库那样直接就进去了。

开通网盘,地址:http:/yun.baidu.com/disk/beinvited? uk=3760632512

出现下面网页:

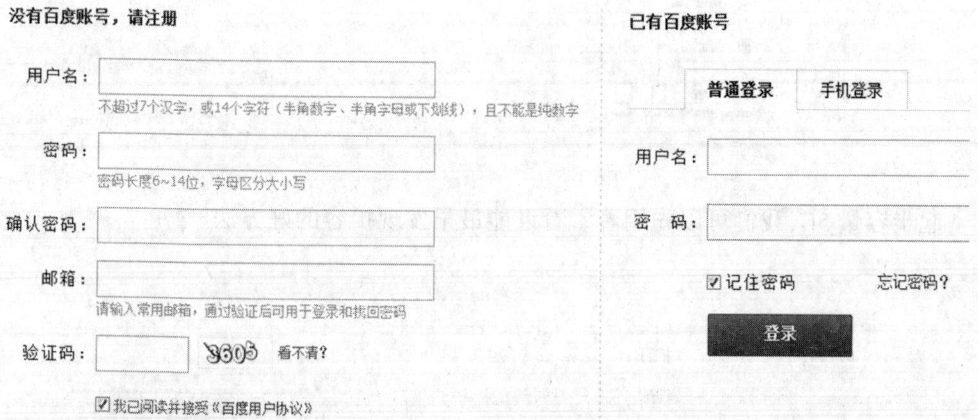

在上面网页中,如果有账号,登录就行。如果没有账号,申请一个。

然后出现:

点击网盘,就开通并进入网盘了。

看看自己的新网盘,还是免费的。

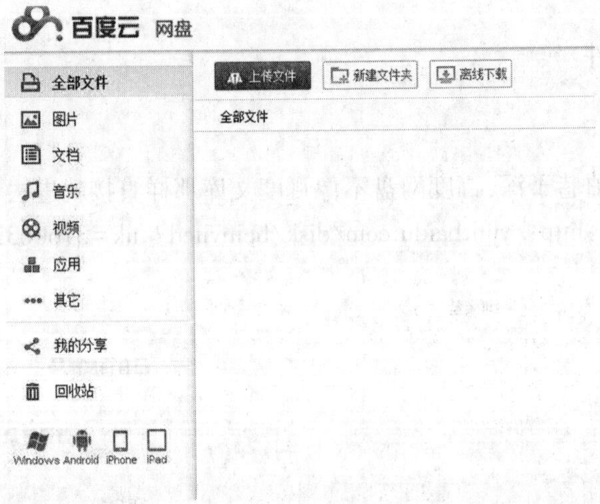

起步容量 5G,我们可以先用着。看谁能最早发现扩容的好方法。

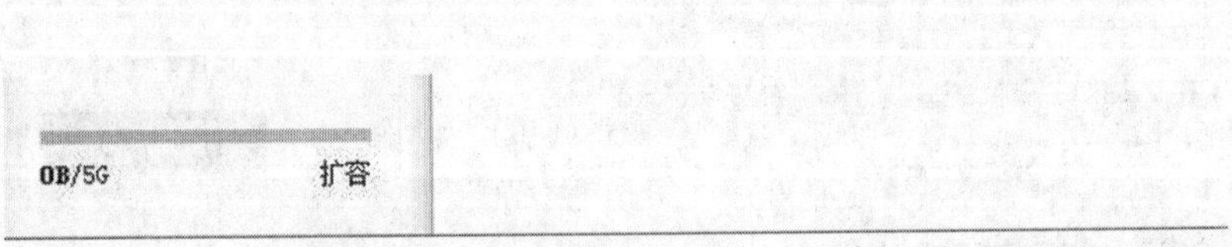

如果 5G 不够,那点"扩容"看看。可以做任务,增加容量。可最多再获得 2T 超大空间奖励。这个真够了吧!

如何快速进入网盘

当我们用自己的账号打开百度首页时,会有我的关注(下图)。点“添加”,可以把百度网盘快捷方式添加到这里,以后打开百度首页,一点单击就进入了。

点“添加”后出现:名称中输入“百度网盘”,选中百度网盘后地址会自动填入网址中。

确定后,百度网盘快捷方式就添加好了。以后一点就进入了。

上传下载

进入后,如下图。

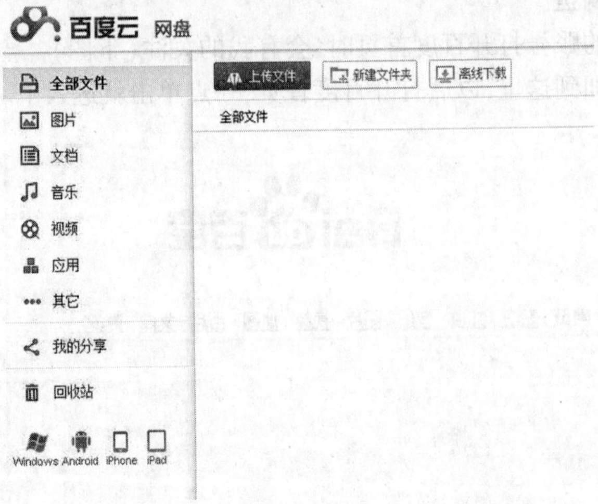

上传就很简单了。直接点上传文件,找到你计算机硬盘中要上传的文件,确定上传就好。

下面主要说分享和下载。

选中你要操作的文件,就会出现“分享”“下载”“删除”“更多”这几个按钮。

说说分享。点分享按钮,出现下图。

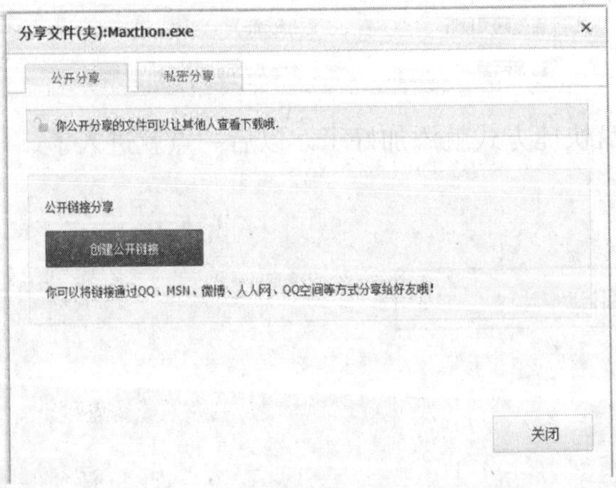

1.公开分享。(不用登录,人人都可下载)

点“创建分开链接”就生成分享链接,复制链接给朋友就好了,他就可以下载这个文件了。

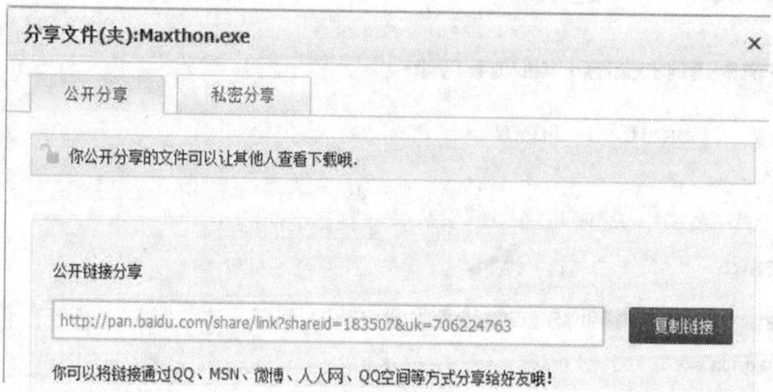

2.私密分享。(你可以把链接发给指定的人)

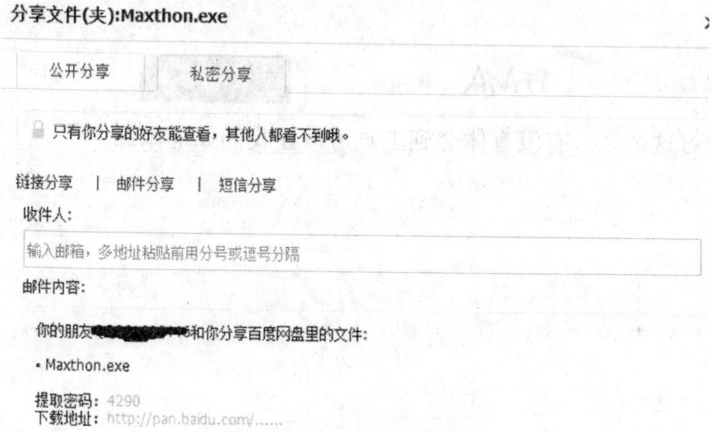

有三种形式:链接分享、邮件分享、短信分享。

邮件分享如上图。你直接把朋友邮箱地址(可以多个)输入就行了。

链接分享和公开分享差不多,复制一下地址和密码给朋友就好了。

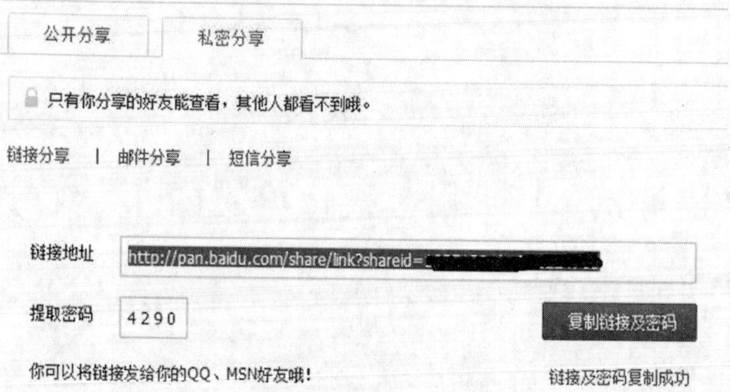

短信分享是把朋友手机号输里面,输入注册码。朋友手机就可以收到你的链接了。更方便,这个功能是免费的,不收短信费用的。

我们先学习这么多。有没有体会到工具可以让我们如虎添翼。

05 Windows 操作

技能训练目标

熟悉操作系统的概念和作用。
正确、快速管理文件。
管理计算机。
技能实训——设置计算机系统。
安全上网。

操作系统的概念和作用

计算机是非常复杂的。我们需要通过操作系统(OS)来管理和使用计算机。在操作者看来,操作系统提供了一个让用户与系统交互的操作界面。

操作系统是管理计算机硬件与软件资源的计算机程序,是计算机系统的内核与基石。操作系统需要处理如管理与配置内存、决定系统资源供需的优先次序、控制输入输出设备、操作网络与管理文件系统等基本事务。

操作系统位于底层硬件与用户之间,是两者沟通的桥梁。用户可以通过操作系统的用户界面,输入命令。操作系统则对命令进行解释,驱动硬件设备,实现用户要求。以现代标准而言,一个标准 PC 的操作系统应该提供的功能有:进程管理、内存管理、文件系统、网络通信、安全机制、用户界面、驱动程序等。

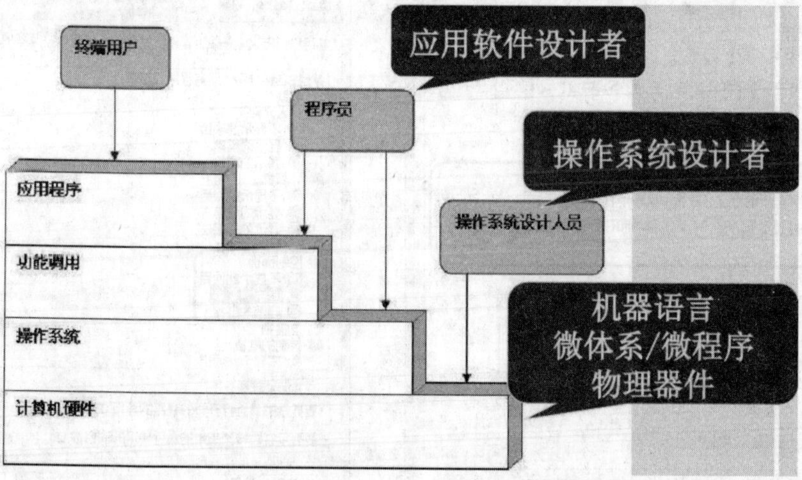

操作系统在计算机系统中的地位

操作系统的类型非常多,不同机器安装的操作系统可从简单到复杂,可从移动电话的嵌入式系统到超级计算机的大型操作系统。目前最常用的操作系统有 Windows、Unix、Linux、Mac OS、Android(中文名安卓,是一种基于 Linux 的自由及开放源代码的操作系统)。

Windows 操作基础

案例描述：你是梦飞公司的新职员，公司为你配置了一台计算机，安装有 Windows 7 操作系统。你首先要熟悉系统界面，掌握启动和退出应用程序的方法，同时为使屏幕赏心悦目且使用方便，你应该对桌面背景、屏幕保护程序和外观等重新进行设置。

案例分析：本任务要求对计算机进行显示属性的设置，以达到美观实用的效果，要求掌握应用程序的启动和退出方法，具体应进行以下操作。

(1)设置"开始"菜单的显示。在任务栏空白处右击，在右键菜单中选"属性"。

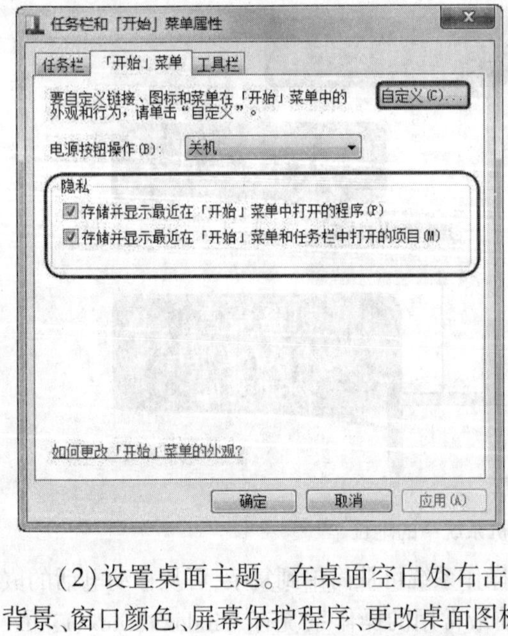

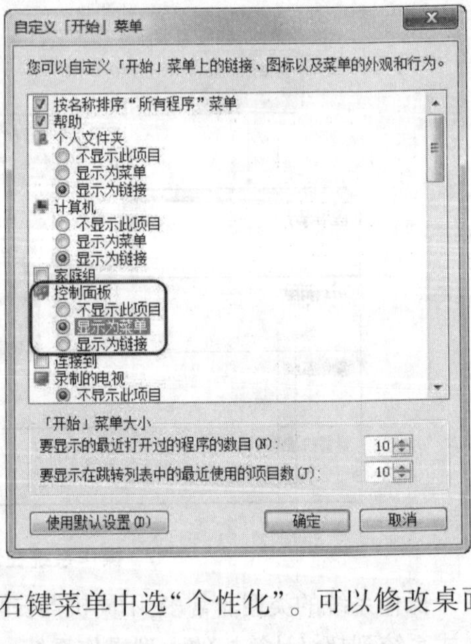

(2)设置桌面主题。在桌面空白处右击，在右键菜单中选"个性化"。可以修改桌面背景、窗口颜色、屏幕保护程序、更改桌面图标等。

(3)设置桌面小工具。在桌面空白处右击,在右键菜单中选“小工具”。在打开的窗口中双击想要添加的小工具图标即可将其添加到桌面。单击“联机获取更多小工具”链接,可在 Windows 网站上的个性化库中找到更多小工具。

(4)启动与退出应用程序。认识 Windows 7 系统的窗口和对话框:对比窗口和对话框的不同,窗口可以自行调节大小,甚至可以全屏显示,在右上方还会同时有最小化、最大化和关闭三个按钮。而对话框通常比较小,在右上方只有一个关闭按钮。

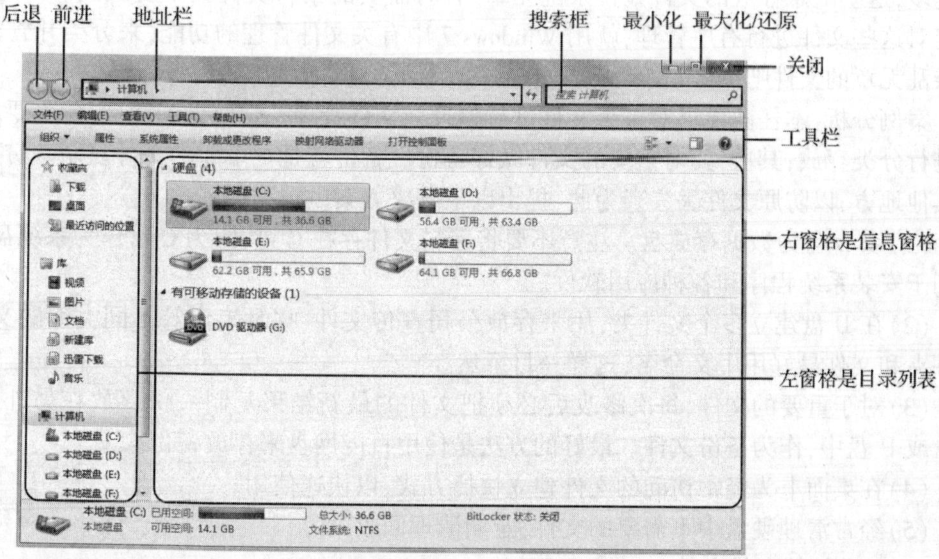

Windows 7 的窗口

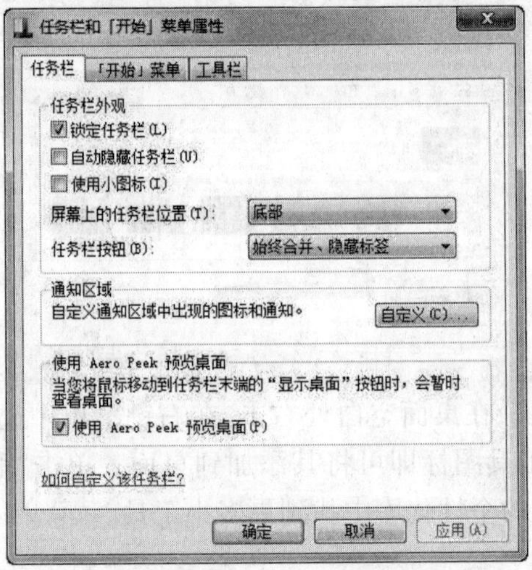

Windows 7 的对话框

常用的启动应用程序的方法有三种:①从“开始”菜单启动应用程序;②在桌面上建立应用程序的快捷方式,直接在桌面上双击即可启动;③进入应用程序所在的目录,选中该应用程序的可执行文件,双击该文件的图标即可启动应用程序。

退出应用程序的方法:单击窗口左上角的控制菜单图标,在弹出的下拉菜单中选择“关闭”命令即可;也可以直接单击窗口右上角的“关闭”按钮来退出应用程序。

文件管理操作

案例描述:你是梦飞公司宣传员,现在负责为公司制作广告宣传画册。而从公司各部门收集大量的资料,包括文档、图片和视频等。随着工作的不断推进,计算机中的文件越来越多,这些随意存放的文件显得杂乱无章,有时需要的素材文件又不易找到。因此,你决定对这些文件进行有序管理,就用 Windows 7 中有关文件管理的功能,来分类并管理这些杂乱无章的文件吧。

案例分析:本任务要求对多个文件进行整理。文件管理一定要做到两点:首先要对文件进行分类存放;其次,要对重要的文件做好备份。备份就是把重要的文件复制一份存放在其他地方,以防原文件丢失。为此,提出以下解决方案。

(1)以 D 盘为数据存放盘。注意不要将资料文件存在 C 盘,因为 C 盘作为系统盘,专门用于安装系统程序和各种应用软件。

(2)在 D 盘建立多个文件夹,用来存放公司宣传文件、临时工作等不同类型的文件;文件夹和文件最好用中文命名,这样一目了然。

(3)对于重要的文件,每次修改后必须把文件的最新结果复制一份存放在另外一个磁盘或 U 盘中,作为备份文件。最好的方法是使用百度网盘来存放备份。

(4)在桌面上为经常访问的文件建立快捷方式,以快速使用。

(5)经常清理硬盘中不需要的文件,定期清理回收站。

必备知识:什么是文件?

文件就是用户赋予了名字并存储在磁盘上的信息的集合,它可以是用户创建的文档,可以是可执行应用程序，也可以是一张图片、一段声音或一个视频等。文件夹是系统组织和管理文件的一种形式，是为方便用户查找、维护和存储而设置的，用户可以将文件分门别类地存放在不同的文件夹中。

文件命名时应遵循以下规则：

（1）文件名、文件夹名不能超过 255 个字符。

（2）不能包含字符/、\、:、*、?、"、<、>、|。

（3）同一个文件夹中的文件、文件夹不能同名。

（4）文件的扩展名表示文件的类型，通常为 1~3 个字符，如.bmp（位图文件）、.exe（可执行文件）、.txt（文本文件）。

（5）文件和文件夹名不区分大小写字母。

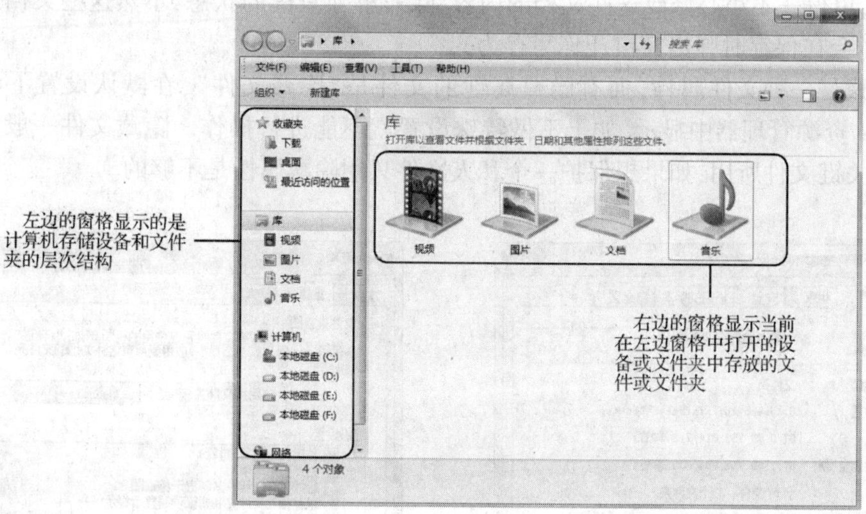

操作要点

（1）打开文件或文件夹：直接在要打开的文件或文件夹的图标上双击即可。

（2）选定操作：利用鼠标并配合 Ctrl 键，可以选择 1 个或多个文件及文件夹。

（3）新建文件夹和文件：在窗口空白处右击，在弹出的快捷菜单的"新建"子菜单中，包含与"文件"→"新建"子菜单中同样的子命令，可以在当前文件夹中建立文件夹和文件。

（4）复制或移动文件或文件夹：首先在窗口中选中要操作的文件或文件夹并右击，在弹出的快捷菜单中选择"复制"或"剪切"命令，右击目标位置，在弹出的快捷菜单中选择"粘贴"命令即可完成文件或文件夹的复制和移动操作。

一定要记住三个操作的快捷键：Ctrl+C（复制）、Ctrl+X（剪切）和 Ctrl+V（粘贴）。

（5）文件或文件夹的重命名：在"计算机"或"资源管理器"窗口中，单击选中要重命名的文件或文件夹，再次单击其名称，此时就处于可编辑状态，直接输入新名称后，按 Enter 键完成。

（6）文件或文件夹的删除与还原：在"计算机"或"资源管理器"窗口中选中要删除的文件或文件夹，直接按 Delete 键，出现确认文件或文件夹删除对话框，单击"是"按钮即可删除文件或文件夹。

被删除的文件或文件夹都放在回收站。如果删错了,就在桌面上打开回收站,右击删错了文件或文件夹,点击“还原”即可。

(7)选择喜欢的视图:在窗口中单击工具栏上的“视图”下拉按钮,打开如右图所示的下拉列表。选择你喜欢的图标排列视图,单击某个视图或移动左边的滑块都可以更改文件和文件夹图标的外观大小。

可按文件的修改日期、文件类型和大小等信息排序。

(8)如果需要调整文件或文件夹的只读或隐藏属性,可右击所选文件,选择“属性”选项,弹出如下图所示的对话框,根据需要操作。

只读表示文档或属性只能读取,不能修改也不能储存。有些重要的档案会设定成只读状态,免得一不小心修改这些文档的内容,除非解除只读的状态,不然这些文档是不能修改的(会在保存时弹出窗口让你另存为)。

隐藏是一种文件属性,拥有隐藏属性的文件是“隐藏文件”,在默认设置下不能在 Windows 资源管理器中显示,如果不做特殊设置就不能进行操作。隐藏文件一般都是保护系统关键文件所用,如果想保护一个私人文件只用隐藏属性是不够的。

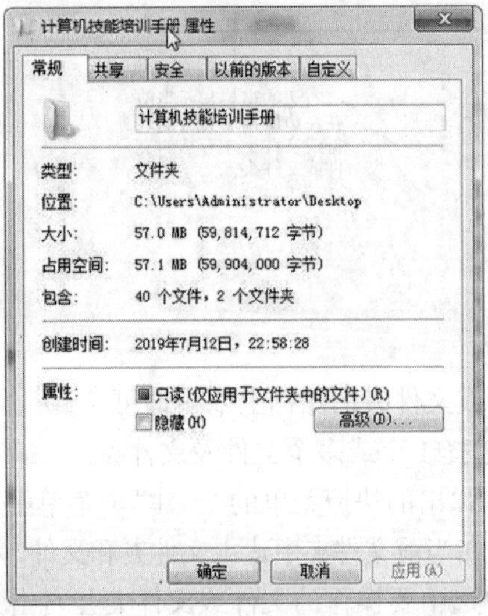

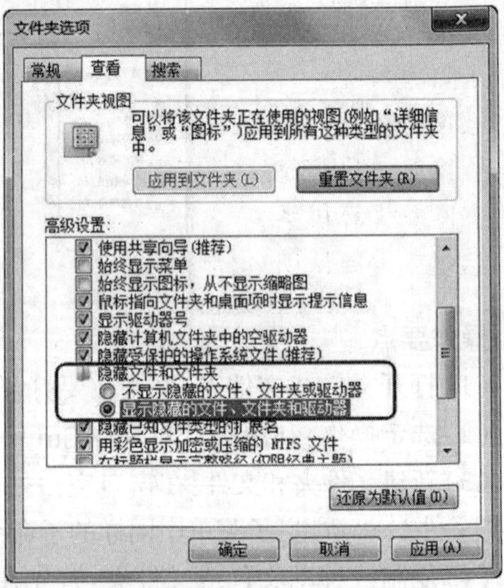

(9)文件和文件夹的搜索:以前版本的 Windows 系统的搜索功能很差,速度太慢,简直就没法用。Windows 7 的搜索功能很赞,如果忘记了某个文件的位置,可以用两种方法打开搜索功能,直接输入文件名并点击搜索按键即可开始搜索,速度很快。

单击桌面上“开始”按钮或按“Windows”键,可以在弹出的开始菜单底部发现带有“搜索程序和文件”字样的搜索栏。在搜索框里键入搜索关键词,Windows7 马上可以分类显示所有与关键词相关的文件或程序。注意,默认情况下“开始”菜单的搜索栏的范围集中在“开始”菜单、控制面板、Windows 文件夹、Program File 文件夹、Path 环境变量指向的文件夹、Libraries、Run 历史中,也就是说,这里的搜索范围并不是整个硬盘。

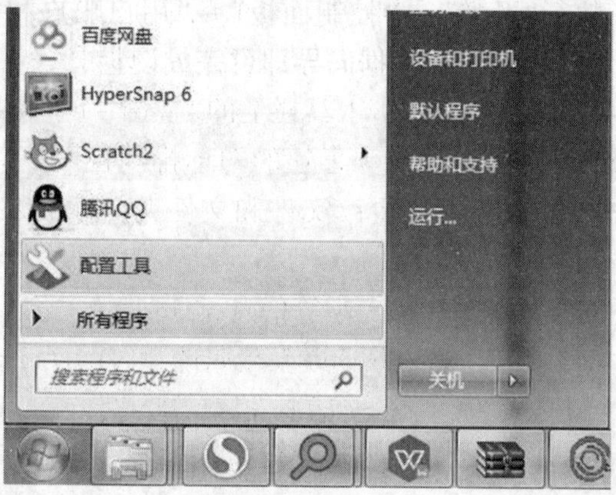

Windows7 资源管理器的快速全面搜索：双击桌面上"计算机"图标或者按"Win+E"，打开窗口的右上角即有搜索栏。为了提高搜索速度和精确度，我们还该可以缩小搜索范围，打开某个文件夹，节省搜索时间。

管理计算机——Windows 7 的高级应用

案例描述：你作为梦飞公司的员工，要使用计算机完成各类任务，这就要借助于计算机软件的帮助。而软件多了，计算机性能会有所下降，如何提高计算机的性能，如何对计算机进行设置呢？

案例分析：在系统软件中有一类实用程序软件，如控制面板、磁盘清理程序、磁盘碎片整理程序等，可用于提高计算机的性能，帮助用户监视计算机系统设备、管理计算机系统资源和配置计算机系统。

这里首先要认识"控制面板"。

用户账户管理

单击"开始"按钮，选择"控制面板"命令，打开"控制面板"窗口。

单击"用户账户和家庭安全"选项，打开"用户账户和家庭安全"窗口，依次执行"添加或删除用户账户"→"创建一个新账户"命令，根据向导即可完成创建。

创建了一个标准用户后，可以通过管理员账户来为此账户设置"家长控制"，从而对计算机进行协助管理。执行“开始”→“控制面板”→“用户账户和家庭安全”→“家长控制”命令，打开如图所示的窗口界面，根据向导即可完成设置。

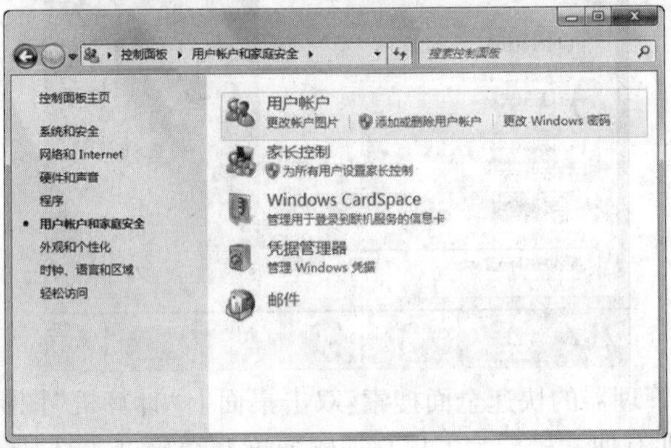

磁盘碎片整理

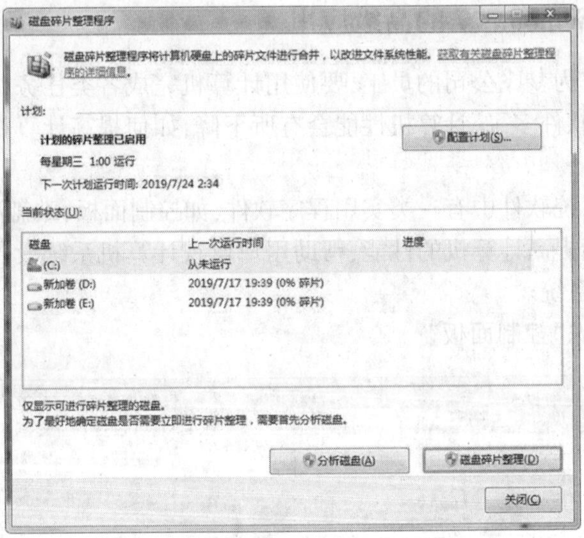

磁盘碎片应该称为文件碎片，是因为文件被分散保存到整个磁盘的不同地方，而不是连续地保存在磁盘连续的簇中形成的。磁盘碎片会降低硬盘执行计算机程序时的速度，增加额外的工作。磁盘碎片整理程序可以重新排列碎片数据，以便磁盘和驱动器能够更有效地工作。经常进行磁盘的碎片清理，可以提升硬盘的使用效率。

打开“控制面板”，打开“系统和安全”→“管理工具”→“对硬盘进行碎片整理”命令，打开“磁盘碎片整理程序”窗口。

先选择要整理的磁盘，分别运行“分析磁盘”按钮和“磁盘碎片整理”按钮进行整理。

任务管理器

右击任务栏，在弹出的快捷菜单中选择“启动任务管理器”命令，可以打开“Windows 任务管理器”窗口。按 Ctrl+Alt+Delete 组合键，在打开的界面中选择“启动任务管理器”选项也可以打开该窗口。

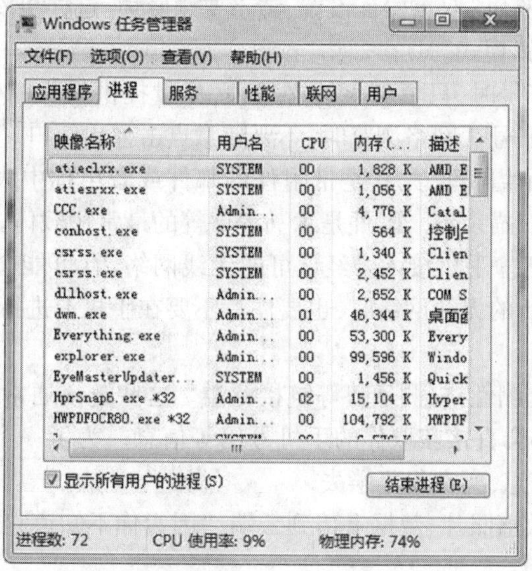

这里显示了所有当前正在运行的进程,包括应用程序、后台服务等,那些隐藏在系统底层深处运行的病毒程序或木马程序都可以在这里找到,当然前提是你要知道它的名称。找到需要结束的进程名,然后执行右键菜单中的"结束进程"命令,就可以强行终止,不过这种方式将丢失未保存的数据,而且如果结束的是系统服务,则系统的某些功能可能无法正常使用。

打造安全的上网环境

你的计算机中过病毒吗？你的 QQ 号被盗过吗？这是一个网络时代。支付宝、网银、微信、电邮、QQ……每一个人的生活要想和网络脱了干系,实在不容易。网络虽便利,可陷阱也不少。

腾讯等最新发布的一份研究报告显示,中国网民最担心泄露的信息类别是网银信息(53.8%),其次是身份信息(23.7%),再次是网站账户、密码(16%)。

网银主要涉及民众的资金安全,所以担心程度最高,身份信息涉及民众的个人隐私,因此担心程度也较高。看来,大家需要多长几个心眼儿,确保自己的资金和隐私不受损失。

个人上网如何保安全

(1)首先最基本的一点是,给自己的电脑以及手机安装杀毒软件,不要让联网设备"裸奔",并及时更新杀毒软件。定期杀毒应该成为一种习惯。你知道或正在用的杀毒软件有哪些？

(2)在进行网银、支付宝等涉及资金的网络操作时,要确保使用安全的浏览器、登录正确的网站地址,不要单凭记忆输入网址。有些仿冒网站的网址往往与正确网址相似度非常高,小心上"李鬼"的当。最好把这些网站放在"我的导航"中。

(3)网上购物选择正规、大型电商。淘宝购物不要随便打开旺旺中的重新支付、低价促销等链接。个人但凡涉及资金支出的账户,都要单独设置安全级别高的复杂密码,而且最好定期更换。

如果有“密码+校验码”双重验证设置，请不要嫌麻烦，这样更安全。另外在公共电脑上不要使用“记住密码”模式。

(4)在网站注册账号时，只填带＊的必填项，尽量提供最少的信息。另外，最好不要在陌生网站随便注册账号。网络浏览时，不要随意点击弹出窗口。

(5)不随意打开陌生邮件，尤其是带附件的邮件或者声称中大奖的邮件。下载到本地的附件打开之前先扫描杀毒。附件是木马程序等的最常用载体。

(6)尽量别“蹭网”。手机接入未经认可的无线网络，有可能会被窃取个人移动设备信息。在接入公共场所的无线网络时，也要注意不要在手机上进行网银、支付宝等敏感信息的操作。

(7)如今在微信上测性格、测运势等链接泛滥。这些链接通常会要求你提供姓名、年龄等基本信息，后台还会直接获取你的手机号码等信息。为了一个压根不靠谱的测试结果，提供这么多重要信息，实在得不偿失。

(8)不要把个人敏感照片、数据上传到云端，“因为你不知道它会飘到哪儿”。

使用电脑管家

网络安全环境是否是安全的，我们可以通过腾讯电脑管家先进行体检。首先我们打开腾讯电脑管家，进入到腾讯电脑管家的主界面。

体验后发现我的计算机有以下问题。

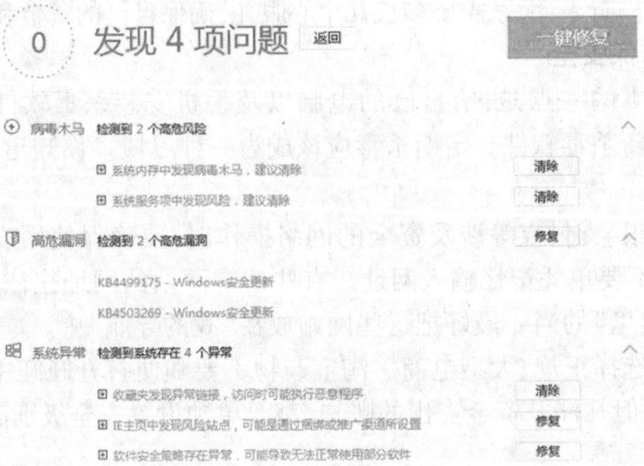

上网安全保护

我们可以使用腾讯电脑管家的保护电脑功能，对计算机进行安全防护。首先找到腾讯电脑管家的工具箱。

在腾讯电脑管家的工具箱中，我们可以看到文档、上网、系统、软件、其他五类不同的安全接口，我们可以点击我们需要的安全防护进行相应的选择，如修复漏洞。

如果我们需要点击别的安全防护措施，可以在腾讯电脑管家的安全上网页面中，点击浏览器保护，网速保护等按钮，进入到相应页面，进行上网安全保护。

其他更多功能，请大家自行了解使用，非常方便。

06 Word 技能

技能训练目标

能够下载安装新字体。

能熟练新建、保存、打开文档。

能熟练输入文字,能熟练选择、复制、剪切文本,能熟练设置文本格式,包括字体格式和段落格式。

重点掌握表格的创建方法,能熟练编辑表格,并能对表格进行格式化处理,使之更美观。

重点掌握图片的插入方法,能绘制自选图形,会使用文本框。

会使用模板快速制作与模板格式相同的文档。

会对文档进行页面设置,会设置页眉和页脚,会打印文档。

能够设置标题级别,掌握目录生成的方法。

安装新字体

案例描述:你是梦飞公司的职工,现在负责为公司制作 PPT 宣传画册。你从同事那里看到一种漂亮的字体,但在自己的计算机上却怎么也找不到。

案例分析:你需要安装新字体。安装微软 Office 后,会自动向系统中安装隶书、幼圆、华文新魏等字体。其实字体是与 Office 软件相互独立的,并不依赖于 Office。也就是说,即使不安装微软 Office,我们同样可以安装这些字体。下面我们就以系统并不自带、但在公文中却经常用到的“小标宋简体”为例,学习一下如何安装新字体。

任务实施

要安装某种字体,首先要有这种字体文件,这就先需要百度来帮忙了。

步骤 1:下载字体文件。

可以直接在百度搜索“小标宋简体”或到站长之家网字体专栏(http://font.chinaz.com/)上下载小标宋字体。

步骤 2:安装字体文件。

因为是压缩软件,下载后解压。我们也可以直接将字体文件复制到系统的字体文件夹,它一般在系统目录下的“fonts”子目录下(默认为“c:\windows\fonts”),这种方法并非总是有效,并且,在复制之前,你不一定能从字体文件的名字中明确地知道它是个什么字体。

点击鼠标右键选择复制字体。

依次如下操作:双击打开桌面上“我的电脑”;双击打开 C 盘;双击打开文件夹 WINDOWS;双击打开文件夹 Fonts;在空白处点击鼠标右键点击粘贴。等待几秒后方正小标宋字体就安装完成。

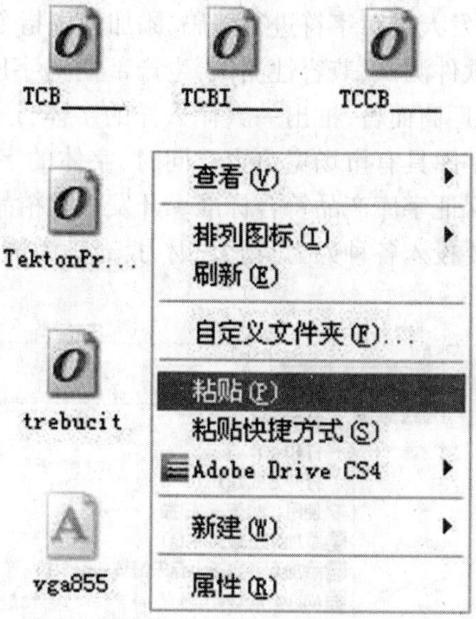

正规的安装方法:从开始菜单打开"控制面板"→"字体",从"字体"文件夹的"文件"菜单中选择"安装新字体",并从对话框中选择字体文件所在目录,系统会自动识别出字体文件和字体名称,显示在"字体列表"中,选择要安装的字体或直接点"全选"选中所有字体,再点"确定"按钮即可将选中的字体安装到系统之中。

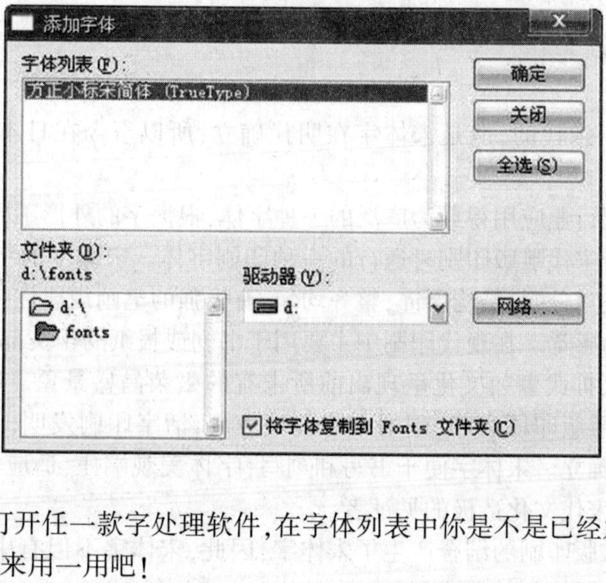

安装完成后,打开任一款字处理软件,在字体列表中你是不是已经发现了刚刚安装的字体呢? 我们快快来用一用吧!

知识拓展

字库

随着计算机时代的到来,字库已成为人们工作生活的一部分,人们每天都会接触它、使用它。一般来讲，一款字库的诞生，要经过字体设计师的创意设计、字体制作人员一笔一画的制作、修改，技术开发人员对字符进行编码、添加程序指令、装库、开发安装程序，测试人员对字库进行校对、软件测试、兼容性测试，生产部门对字库进行最终产品化和包装上市等几个环节。对字体厂商而言，推出一款什么样的字体，还要经历市场调研、专家研讨等环节，以保证推出的字库具有市场竞争力。同时，字体的字形以及编码，也要遵循国家语言文字的相关规定，保证字库产品符合标准。开发一款精品字库，往往需要付出2~3年的艰苦努力，是一项需要投入各种人力、物力、财力，充满激情和创造性工作。让我们从心中感谢他们的付出！

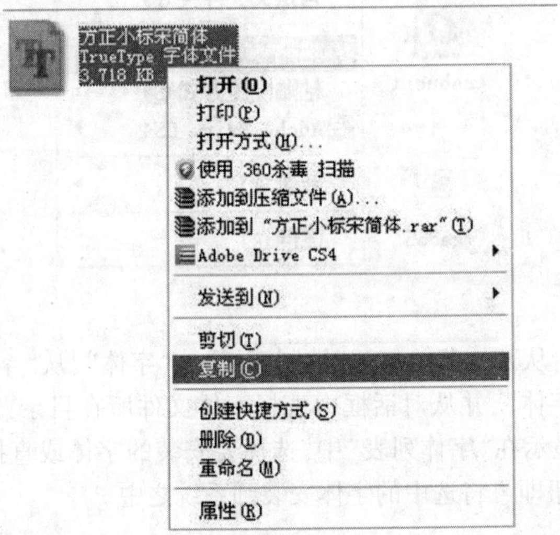

了解宋体字

宋体字是源于宋代的，但是宋体字在明代确立，所以至今在日本，宋体字仍被称作“明朝体”。

宋体字是印刷行业应用得最为广泛的一种字体，根据字的外形不同，又分为书宋和报宋。宋体是起源于宋代雕版印刷时通行的一种印刷字体。宋体字的字形方正，笔画横平竖直，横细竖粗，棱角分明，结构严谨，整齐均匀，有极强的笔画规律性，从而使人在阅读时有一种舒适醒目的感觉。在现代印刷中主要用于书刊或报纸的正文部分。

宋代“兴文教，抑武事”，文化呈现出前所未有的繁荣昌盛景象。印刷出版业在宋代进入了黄金时代，雕版印刷兴旺，刻书中心发展较快，活字印刷发明。元、明大量翻刻宋本，宋体字在明代确立。宋体字便于书写和刻写，字体美观端庄，适应了印刷出版业的行业操作要求，成为宋代文化造极的见证者。

中国书法和雕版印刷的结合产生了宋体字，因此，宋体字不但有中国书法的魅力，还具有雕版印刷及木版刀刻的韵味。

任务拓展

现在很多人的字都拿不出手，想不想让计算机帮你写字呢？网上有田英章大师的字体，大家可以下载一用。

字库的制作是非常专业并且辛苦的工作,我们要尊重他人的劳动成果。并且要认识字体文件的扩展名为.ttf。最后不要忘了,如果你的文档使用了新字体,而计算机上没有安装该字体,那么效果是出不来的,这时候你应该知道要怎么做。

简单文档制作

案例描述:你是梦飞公司的职工,公司新产品要上市,现在负责为公司新产品制作一份产品说明书。

案例分析:完成该任务,需要掌握以下几点。

(1)会在 Word 中输入文本。

(2)能够根据要求简单设置文字的格式。

(3)具有一定的字体意识,知道需要用什么样的字体。

操作要点

认识 Microsoft Word 2010 主界面

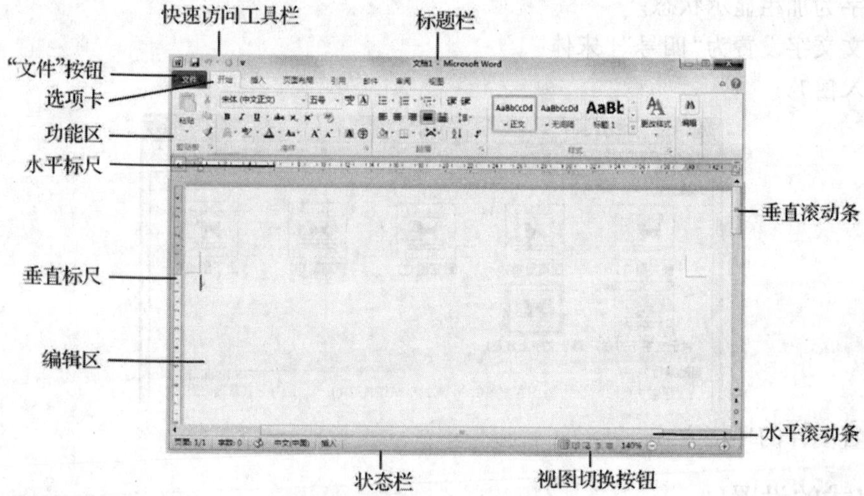

文本输入

在 Word 编辑区输入产品说明书的全部文本。

一般都是从页面的起始位置开始输入。当一行文字输入满后会自动换行,并开始下一行的输入,整个段落录入完毕后按 Enter 键结束。

文档中的↵标记称为段落标记,一个段落标记代表一个段落。

注意了解文档编辑时的“插入”和“改写”状态,单击状态栏上的“插入”或“改写”按钮或按 Insert 键可以在这两种状态间切换。在“插入”状态下,输入的字符将插入插入点处;在“改写”状态下,输入的字符将覆盖现有的字符。

熟练掌握用鼠标选择文本,了解用键盘选择文本的技巧,选中文本后可以进行复制、移动和删除操作。

设置字体

标题文字设置为“二号”“黑体”“居中”“加粗”。

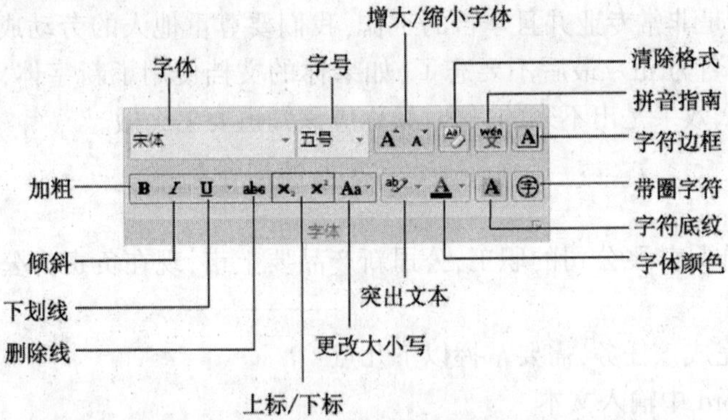

使用鼠标选中标题文本,然后单击“开始”选项卡,“字体”组中的“字号”下拉列表框,在弹出的下拉列表中选择“二号”,设置标题文字大小为“二号”;再单击“字体”下拉列表框,在弹出的下拉列表中选择“黑体”,设置标题文字为“黑体”;接着单击“段落”组中的“居中”按钮,设置标题文字为居中对齐;最后单击“字体”组中的“加粗”按钮,设置标题文字为加粗显示状态。

正文文字设置为“四号”“宋体”。

插入图片

设置图片的环绕方式。

文档格式的设置

案例描述:你是梦飞公司的一名人事专员,目前公司业务比较繁忙,因此需要招聘一些新进人员,以应对公司人员的不足。

你需要编制一份招聘启事,如何将这份招聘启事做得更加具有吸引力,是你需要重点考虑的问题。

案例分析:Word 2010 提供了丰富的文档格式设置功能,可以帮助你完成招聘启事的制作工作。通过分析该任务可以得知,完成该任务,需要掌握以下几点。

(1)能够根据需要设置字体、字号、文字颜色。

(2)能够设置段落的缩进格式。

(3)能够根据需要设置首字下沉格式。

(4)会使用项目符号,并能够自定义项目符号的图片。

(5)能够为文档添加页眉,并会设置页眉的字体及颜色。

(6)会设置页面边框和底纹。

文本输入并设置字体格式

可以先按正文格式,设置字体、字号及首行缩进 2 字符,然后在 Word 编辑区输入产品说明书的全部文本。

设置标题字体:华文新魏,加粗,初号,下划线线型为双线,并设置发光效果。

设置段落格式

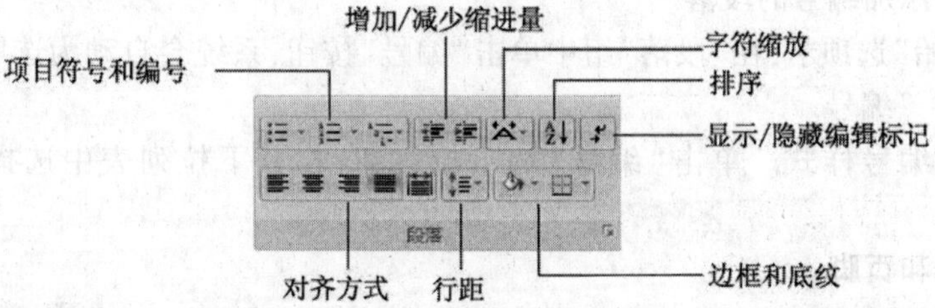

利用"段落"对话框也可以进行段落格式设置,单击"开始"选项卡"段落"组中的组按钮,打开"段落"对话框,在此对话框中可以对选择的段落进行格式设置。

认识格式刷:用格式刷"刷"格式,可以快速将指定段落或文本的格式沿用到其他段落或文本上,让我们免受重复设置之苦。

设置首字下沉

在选中这两段文字的前提下,切换到"插入"选项卡,然后单击"文本"组中的"首字下沉"按钮,在展开的下拉面板中选择"下沉"选项。

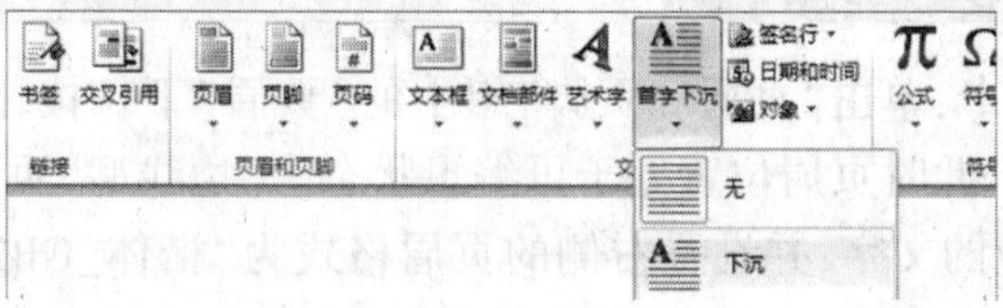

设置分栏

第 3、4 段需要分为两栏。选中要分栏的文字,点击"页面布局"选项卡,然后点击"分栏"下的"更多分栏",如下图所示。

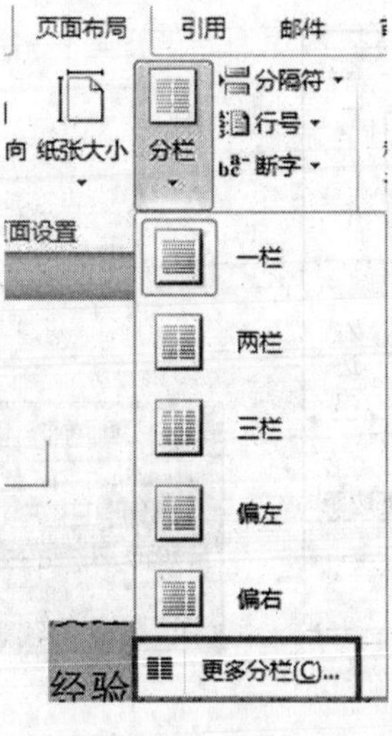

接着就是输入要分的“栏数”,然后再在“应用于”的下拉框中选择“所选文字”,最后点击确认按钮,完成分栏。

“分隔线”复选框,可在各栏之间添加分隔线。分栏后,默认各栏之间的宽度相等,如果要求不相等,可在“分栏”对话框中对各栏的宽度进行调整。

设置项目符号

选中需要添加编号的段落。

选择“开始”选项卡,在“段落”组中单击“编号”按钮,系统会自动为选中的段落添加“1.,2.,3.,……”编号。

可以修改编号样式。单击“编号”的下拉按钮,在其下拉列表中选择需要的编号样式。

设置页眉和页脚

页眉和页脚用于显示文档中的注释性信息,如文章的章节标题、作者、日期时间、文件名或单位名称等。页眉在正文的顶部,页脚在正文的底部。Word 2010 中页眉、页脚和页码在“插入”选项卡的“页眉和页脚”组中设置。

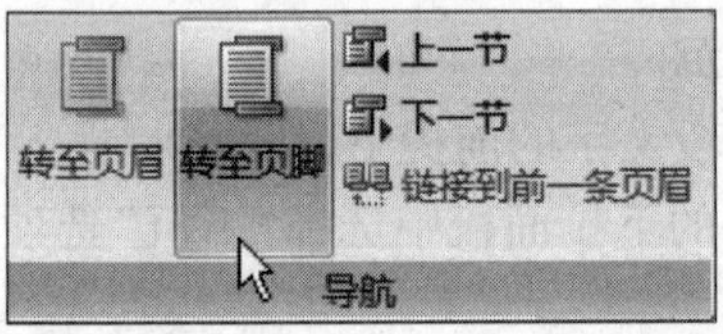

换到“插入”选项卡,单击“页眉和页脚”组中的“页眉”下拉按钮,在展开的下拉面板中单击“边线型”选项,此时页眉位置处于可编辑状态。“边线型”页眉样式有两个位置需要编辑,分别输入相应的文字,并设置右侧的页眉格式为“楷体_GB2312,小四,加粗”,文字颜色为“深蓝,文字 2,淡色 40%”,其他保持默认。

页面设置并打印

一张图看懂页面设置,在“页面布局”选项卡中进行页面设置。

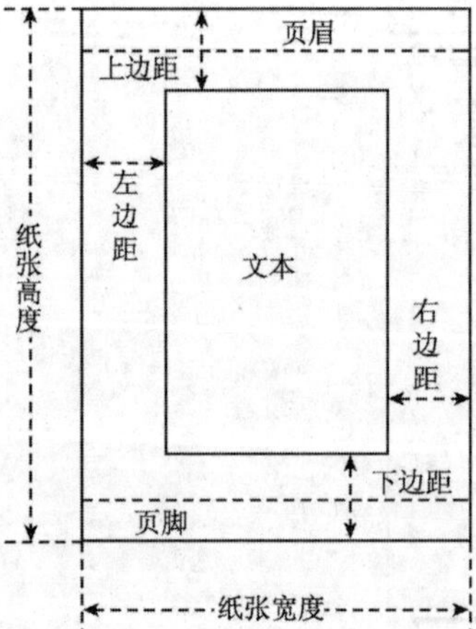

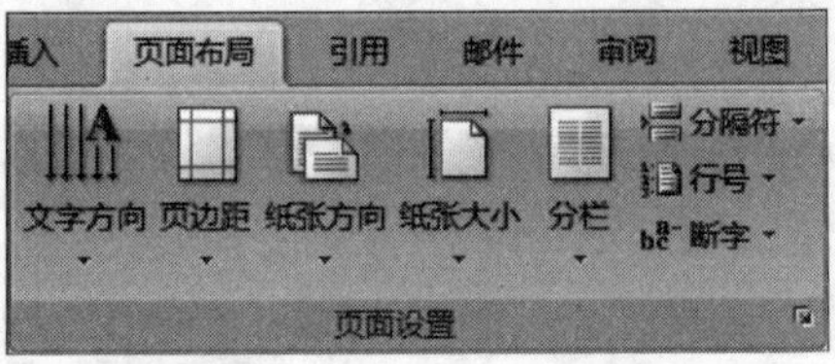

页面设置好后,单击“文件”按钮,在其下拉菜单中选择“打印”命令,对文档进行打印设置,并可以预览其效果。对页码范围、打印份数等进行设置后,单击“打印”按钮即可打印文档。

请自行了解边框和底纹设置。

制作一份手册——Word 文档图文混排

案例描述:你是梦飞公司的一名招商专员,现在负责公司招代理商的文案策划,你需要完成公司加盟手册的设计与编制。一名优秀的员工就是知道迎难而上,有了困难不要紧,积极努力地去解决问题就是了。

案例分析:通过分析该任务可知,完成该任务,需要掌握以下几点。

(1)能够使用 Word 2010 提供的模板。

(2)能够根据需要设置标题级别及样式。

(3)会插入艺术字。

(4)会使用绘图工具绘制流程图。

(5)能够插入图片、文本框。

(6)能够根据需要插入并编辑表格。

(7)掌握目录生成的方法。

操作要点

使用模板创建文档

Word 模板是指 Microsoft Word 中内置的包含固定格式设置和版式设置的模板文件,用于帮助用户快速生成特定类型的 Word 文档。使用模板,在一定程度上可以减少不必要的工作量。在 Word 2010 中除了通用型的空白文档模板之外,还内置了如博客文章模板、书法模板等多种文档模板。另外,Office 网站还提供了证书、奖状、名片、简历等特定功能模板。借助这些模板,我们可以创建比较专业的 Word 2010 文档。

(1)打开 Word 2010 文档窗口,单击“文件”按钮,在弹出的下拉菜单中选择“新建”命令。

(2)在左侧的“可用模板”列表框中选择“我的模板”或“样本模板”,在打开的模板列表中选择合适的模板,同时在右窗格中选中“文档”单选按钮,单击“创建”按钮即可。

除了使用 Word 2010 已安装的模板,用户还可以使用自己创建的模板和 Office 网站提供的模板。

文本输入并设置字体格式

可以先按正文格式,设置字体、字号及首行缩进 2 字符,然后在 Word 编辑区输入全部文本。

设置段落格式

利用“段落”对话框也可以进行段落格式设置,单击“开始”选项卡“段落”组中的组按钮,打开“段落”对话框,在此对话框中可以对选择的段落进行格式设置。

设置页眉和页脚

Word 2010 中页眉、页脚和页码在“插入”选项卡的“页眉和页脚”组中设置。

插入艺术字

文中需要添加一些特别的艺术字体凸显重点，彰显个性和增加文档的美观度，那么怎么在文档中插入艺术字体呢？

打开一篇文档，将鼠标定位到我们需要插入艺术字的位置，单击“插入”，单击“文本”选项。点击艺术字底下的倒三角符号。根据文档的需要选择，点击确定，然后输入文字即可。

然后根据需要进行艺术字的选择、移动和艺术字大小的设置，文字设置，艺术字样式设置。最后再进行效果设置，比如设置阴影效果：

选中艺术字，单击“阴影效果”下拉按钮，在弹出的下拉面板中选择需要的阴影样式。单击“阴影效果”按钮右侧的相关按钮，可以设置艺术字有无阴影及阴影的方向和位置。

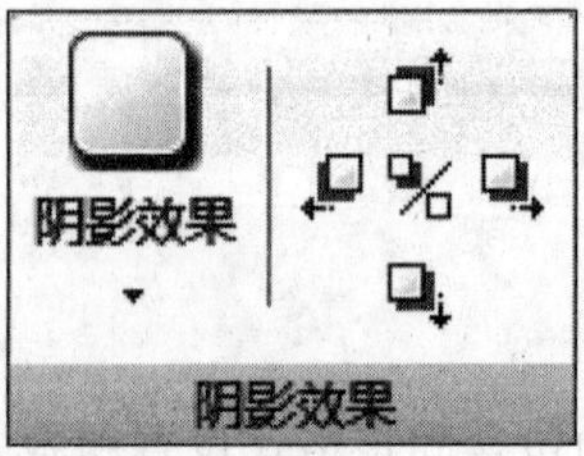

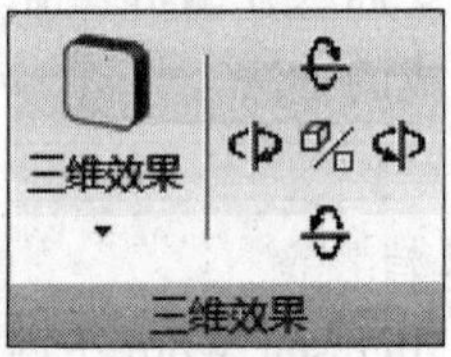

三维立体效果的设置方法类似。

绘制流程图

流程图是一个可以清晰描述某些问题和功能的图形，工作中经常需要添加一些流程图来增加我们文档的生动性。

打开“Word 文件”进入主界面，点击上方菜单栏处“插入”选项；

进入插入界面，点击上方选项中“形状”，然后点击菜单中最下方“新建绘图画布”；

新建一个矩形画布用于插入图形，点击左上方的图案，添加到画布区域；

调整“形状样式”，设置图形大小；

图案添加完毕，可以点击左上方的插入图形选项，将其扩展，选择一定的线条进行图像之间的连接；

点击我们所添加的图形，然后点击上方“形状轮廓”，对图形进行一定的编辑；

图形修改完毕，开始添加流程线，点击左上方“插入形状”，一般我们用到“单箭头”“双箭头”流程线。

插入图片、文本框

插入来自文件的图片：切换到“插入”选项卡，在“插图”组中单击“图片”按钮，在弹出的“插入图片”对话框中选择图片完成插入。

插入 Word 自带的剪贴画:切换到“插入”选项卡,在“插图”组中单击“剪贴画”按钮,在文档右侧弹出“剪贴画”任务窗格,在窗格中选择剪贴画便可插入。

选择单张图片:单击即可选中图片,并使边框出现控制点。

移动图片:将鼠标指针移动到图片(图片状态为非嵌入式)上时,鼠标指针变成形状,按下左键并拖动鼠标,即可移动图片的位置。

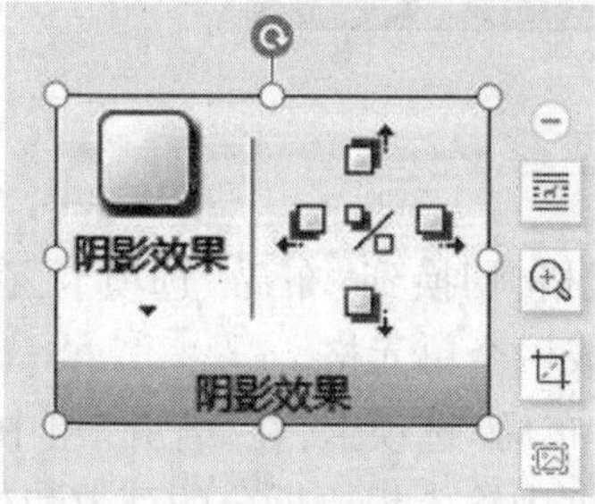

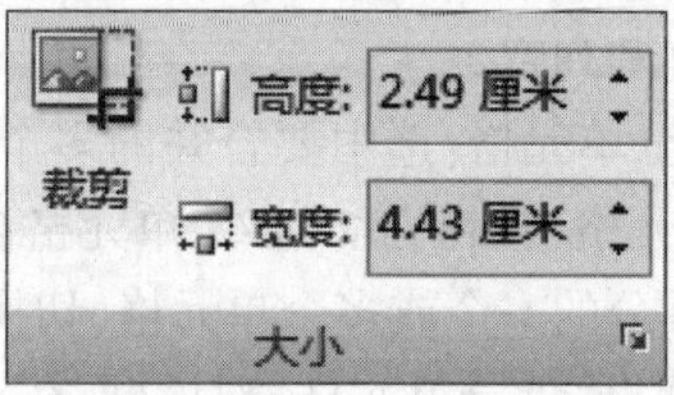

拖动改变图片大小的方法是:选中图片,将指针指向图片四角的状控制点,按下鼠标左键并拖动,可将图片按照原有比例改变大小;将指针指向图片四边的“■”状控制点,按下鼠标左键并拖动,可对图片高度和宽度进行调整;将指针指向图片上方的绿色状控制点,按下鼠标左键并拖动,可将图片按照任意角度旋转。

准确设置图片大小的方法是:选中图片,切换到“格式”选项卡,在“大小”组中的“高度”和“宽度”文本框中设置参数。

文本框设置:

插入文本框:切换到“插入”选项卡,在“文本”组中单击“文本框”下拉按钮,在弹出的下拉面板中选择文本框的样式或选择自己绘制文本框。

文本框的选择、移动和文本框大小的设置。

文本框设置:外观样式;形状填充;形状轮廓;更改形状。

表格操作

创建表格:将光标插入点放在要插入表格的位置。单击“表格”下拉按钮,在其下拉列表中选择所需的行数和列数,再单击,即在光标插入点处插入所要的表格;或者选择“插入表格”命令,在弹出的“插入表格”对话框中输入行数和列数,单击“确定”按钮,插入表格。

局部表格的改动:单击“表格”下拉按钮,在其下拉列表中选择“绘制表格”按钮,鼠标指针变为形状。此时可以拖动鼠标在文档的任意位置绘制出任意大小的表格。

表格的基本操作:

选择表格对象-表、行、列、单元格。

插入行或列:将光标放在要插入行的上一行或下一行(插入列的左一列或右一列)的

任意单元格中,切换到布局”选项卡,在“行和列”组 “行和列”组中单击“在上方插入”或“在下方插入”(“在左侧插入”或“在右侧插入”)按钮,即可完成插入。

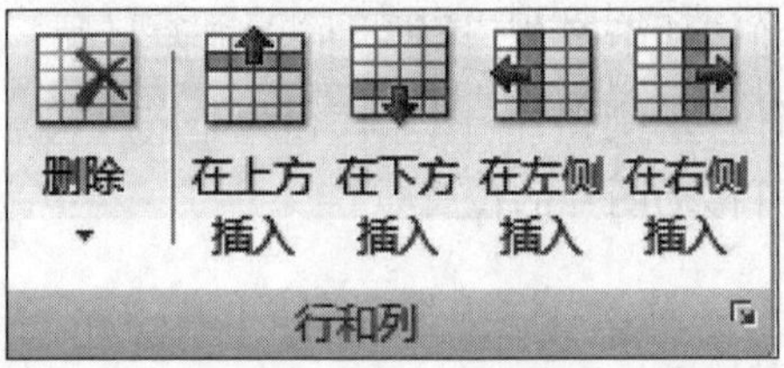

删除行(或列、表格)。

调整行高和列宽。

合并、拆分单元格:选中要合并的多个单元格,切换到“布局”选项卡,在“合并”组中单击“合并单元格”按钮,此时多个单元格合并成一个单元格。

选中要拆分的一个或多个单元格,切换到“布局”选项卡,在“合并”组中单击“拆分单元格”按钮,弹出“拆分单元格”对话框,在对话框中输入想要拆分的列数和行数,单击“确定”按钮完成拆分。

表格的美化:设置边框;设置底纹;套用样式。

设置边框:

(1)选中要设置边框的表格、行、列或单元格。

(2)切换到“设计”选项卡,在“绘图边框”组中对“笔样式”“笔划粗细”和“笔颜色”进行设置。

(3)单击“表格样式”组中的“边框”下拉按钮,在弹出的下拉列表中选择框线类型。

设置底纹:

(1)选中要设置底纹的行、列、单元格或整个表格。

(2)切换到“设计”选项卡,在“表格样式”组中单击“底纹”下拉按钮,在弹出的下拉列表中选择需要填充的底纹颜色。

套用样式:

选中要套用格式的表格,切换到“设计”选项卡,在“表格样式”组中单击列表框中的样式即可。

样式是指一组已经命名的字符格式和段落格式的集合。定义好的样式可以被多次应用,如果修改了样式,那么应用了样式的段落或文字会自动被修改。使用样式可以使文档的格式更容易统一,还可以构筑文档的大纲,使文档更有条理,编辑和修改文档更简单。

字符样式仅适用于选定的字符,可以提供字符的字体、字号、字符间距和特殊效果等格式设置效果。段落样式可适用于一个段落,可以提供字体、制表位、边框、段落格式等设置效果。

设置标题级别并生成目录

要实现目录的自动生成功能,必须先设置好整个文档的各级标题样式,确定插入目录的位置，进行目录的制作。

如果文档的内容在目录生成后又进行了调整，如部分页码发生了改变，就要更新目录，使之与正文相匹配，方法为在目录区域中右击，在弹出的快捷菜单中选择“更新域”命令，在弹出的“更新目录”对话框中选中“更新整个目录”单选按钮。

目录生成后，可以利用目录和正文的关联对文档进行跟踪和跳转，按住 Ctrl 键单击目录中的某个标题，就能跳转到正文相应的位置。

设置标题级别：

标题级别设置方法较多，对长篇文章非常必要，首先是运用样式，也可以手动设置标题级别。

大纲视图：

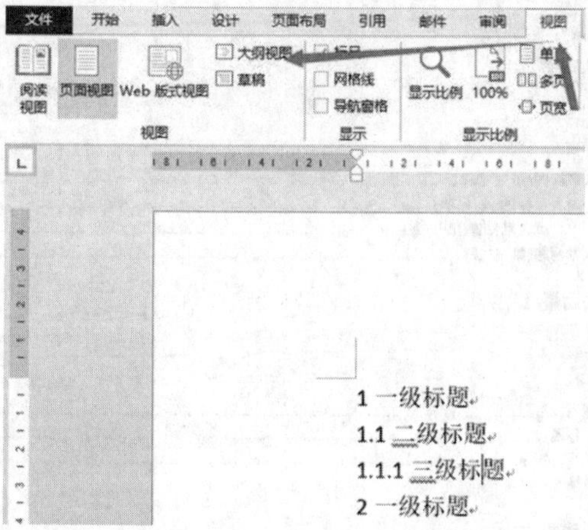

鼠标点选到要调整的段落，设置大纲级别。

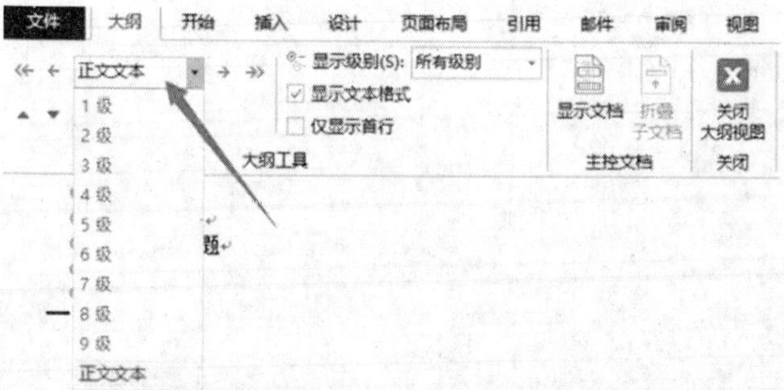

分页和分节：

新章节会从下一页重新开始，这时就需要人工插入分页符来强制分页。其具体操作方法是：将光标定位在需要分页的位置，切换到“插入”选项卡，在“页”组中单击“分页”按钮，在当前位置插入一个分页符，后面的文档内容另起一页。如果单击“空白页”按钮，将在光标处插入一个新的空白页。

如果要删除人工分页符，可以按 Delete 键或 Backspace 键。

“节”是 Word 用来划分文档的一种方式，能在同一文档中设置不同的页面格式。插入分节符的操作方法为:将光标定位在需要分节的位置,切换到“页面布局”选项卡,在“页面设置”组中单击“分隔符”下拉按钮,在其下拉列表中选择需要的分节方式。

自动生成目录:

将鼠标光标放到第一页空白页,点击 Word 菜单栏中的“引用”,点击左上角的“目录”,在弹出的窗口中选择你需要的“目录样式”即可。

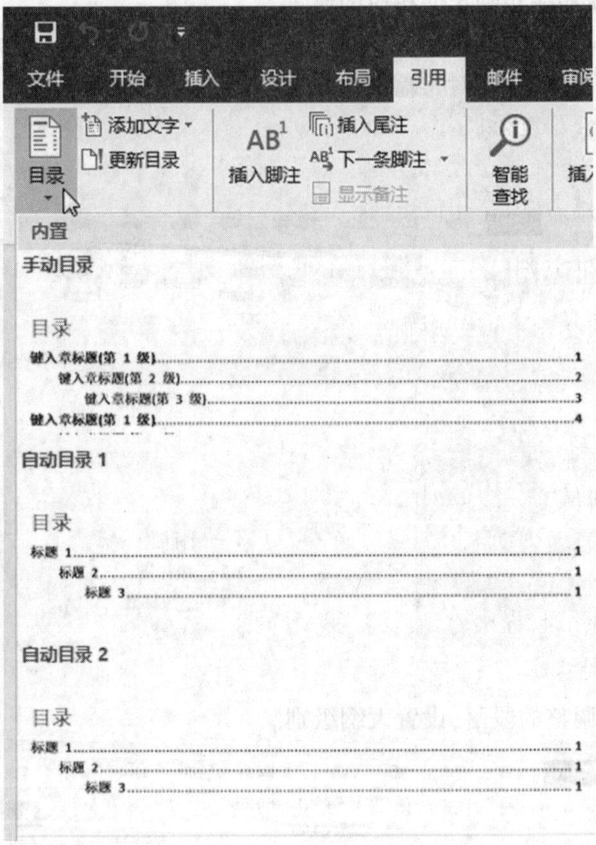

07 PPT 技能

技能训练目标

能熟练新建、保存、打开、关闭演示文稿。

能熟练制作演示文稿,包括添加、编辑文本,插入图片、表格、图示、音频、视频等。

能熟练选择、添加、复制和删除幻灯片。

能对幻灯片的外观进行设置。

熟悉幻灯片的4种放映方法,并能设置动画效果。

能打包演示文稿,并能打印输出演示文稿。

PowerPoint 的基础应用

案例描述:梦飞公司最近又招聘了一批新员工。市场部的你在对新员工进行培训时,利用 PowerPoint 制作"公司简介"PPT,向新员工介绍公司的发展历程、公司组织结构和公司荣誉。

案例分析:你的任务是要求设计制作一份能充分展示公司名称、发展历程、组织结构、荣誉等信息,用于新员工入职培训的演示文稿。为使演示文稿能充分反映公司形象,条理清晰、图文并茂,需要做到如下几点:

(1)结合公司性质和企业文化,为所有幻灯片确定统一的主题风格。

(2)根据要展示的具体内容,确定每张幻灯片的版式。

(3)适当插入文本框、图片、艺术字或自制图形等对象,提高幻灯片的视觉效果。

操作要点

为这张幻灯片设置背景,切换到"设计"选项卡,找到"主题"组中的"其他"按钮。单击该按钮,选择"夏至"主题,如果不进行特殊设置,接下来创建的其他幻灯片都要遵从这个主题。

"主题"组

切换到"开始"选项卡,在"幻灯片"组中单击"新建幻灯片"下拉按钮,在弹出的下拉面板中选择"两栏内容"选项,创建两栏版式的第二张幻灯片。

利用 SmartArt 组件创建公司组织结构图。在"插入"选项卡的"插图"组中单击 SmartArt 按钮,在弹出的"选择 SmartArt 图形"对话框中,单击"层次结构"中的"组织结构图"类型,单击"确定"按钮。

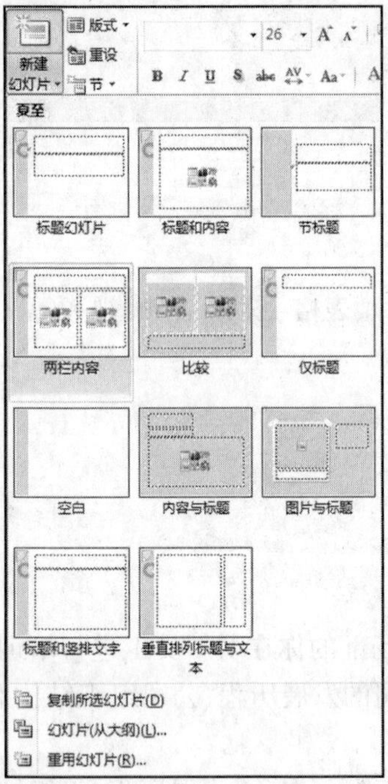

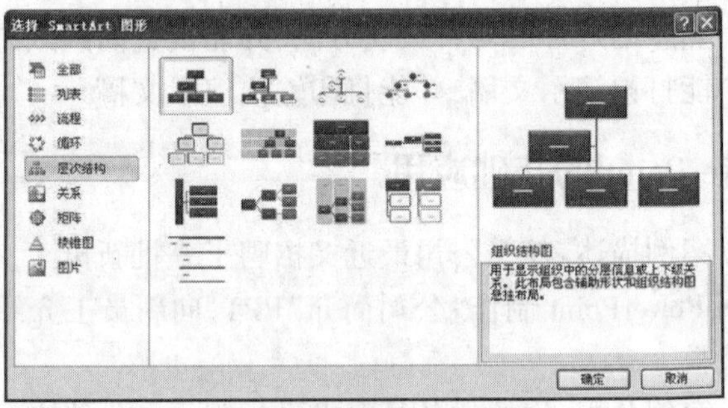

第三张幻灯片中插入组织结构图的模板,直接在结构图上输入相关文字。

第四张幻灯片中使用项目符号列出公司荣誉。

第五张幻灯片中使用艺术字表现公司理念。

PPT 文稿的基本操作:

(1)插入幻灯片。打开新建的或要编辑的演示文稿,在确定插入新幻灯片的位置单击,然后在“开始”选项卡的“幻灯片”组中单击“新建幻灯片”下拉按钮,在弹出的下拉列表中选择一种版式即可。

(2)复制和移动幻灯片。复制和移动幻灯片在任意视图中均可以完成。选中要复制或者移动的幻灯片,使用对应的命令按钮、快捷键或者拖动鼠标的方法进行操作。

(3)删除幻灯片。选中要删除的幻灯片,按 Delete 键,或者右击,在弹出的快捷菜单中选择“删除幻灯片”命令即可。

(4)添加备注。在幻灯片备注窗格中可添加注释信息供参考,放映过程中不会显示。

(5)插入艺术字。在“插入”选项卡的“文本”组中单击“艺术字”下拉按钮,可以在幻灯片中插入各种样式的艺术字。艺术字的样式是填充颜色、轮廓颜色和文本效果的预设组合,内置于 PowerPoint 2010 中,不能自定义或添加。

(6)放映演示文稿。手动切换与自动切换。切换是指整张幻灯片的进入和退出,分为手动切换和自动切换。默认情况下,使用手动切换,可以单击幻灯片或者按方向键。使用自动切换时,可以为所有幻灯片设置相同的切换时间,也可以为每张幻灯片设置不同的切换时间。为每张幻灯片单独指定时间的最有效方法是排练计时。

选择切换效果。演示文稿制作完成后,如果不设置幻灯片切换效果,在放映过程中也会前一张幻灯片消失,下一张出现。如果需要设置切换效果,那么选择要应用效果的幻灯片,选择“切换”选项卡,在“切换到此幻灯片”组中设置切换效果,在“计时”组中设置切换声音和自动换片时间。

放映幻灯片时,切换到“幻灯片放映”选项卡,根据需要在“开始放映幻灯片”组中单击“从头开始”或者“从当前幻灯片开始”按钮。如果需要设置循环放映,可以在“设置”组中单击“设置幻灯片放映”按钮,在打开的“设置放映方式”对话框中选中“循环放映,按ESC 键终止”复选框。

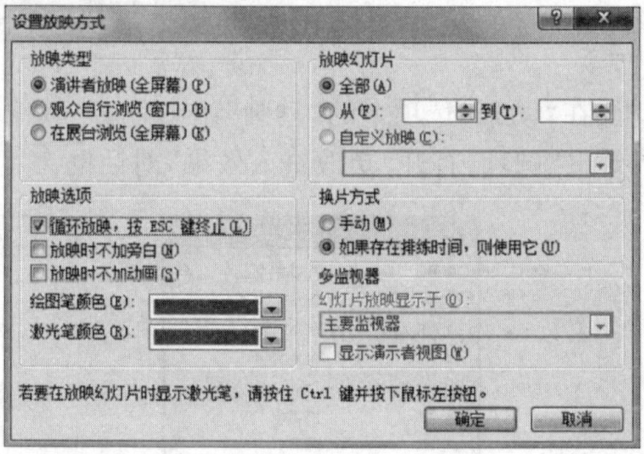

PowerPoint 的动画功能

案例描述:每年的中秋节和春节,公司都要给客户寄送节日贺卡,一方面为了表示节日的祝福,另一方面也是为了联络感情,维系客户关系。今年公司将原来的纸质贺卡更换为电子贺卡。现在公司把这个任务又交给了你。

案例分析:本工作任务要求制作一份具有动画效果和背景音乐的电子贺卡,并努力营造节日的喜庆气氛。完成此任务的操作步骤如下。

(1)选取节日图片(如福字、鞭炮、娃娃等)作为幻灯片的背景图片,选取拜年歌曲作为背景音乐,增添演示文稿的节日气氛。

(2)利用自定义动画功能为幻灯片中的各个对象创建动画效果,设置动画的开始、速度及属性,控制好动画效果发生的先后顺序等环节。

(3)选用合适的幻灯片切换效果,强化演示文稿的播放效果。

操作要点

插入图片背景

右击幻灯片,在弹出的快捷菜单中选择“设置背景格式”命令,打开“设置背景格式”对话框。在左侧窗格中选择“填充”选项,在右侧选中“图片或纹理填充”单选按钮,再单击“文件”按钮,在打开的“插入图片”对话框中选择合适的素材,最后单击“插入”按钮,第一张幻灯片便添加了背景。

设置动画

选中“万事”文本框,在“动画”选项卡的“动画”组中单击“其他”按钮,在弹出的下拉列表中选择“更多进入效果”选项,打开“更改进入效果”对话框。

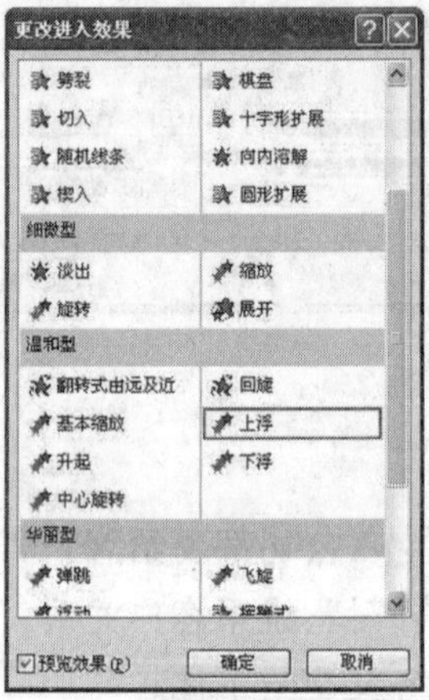

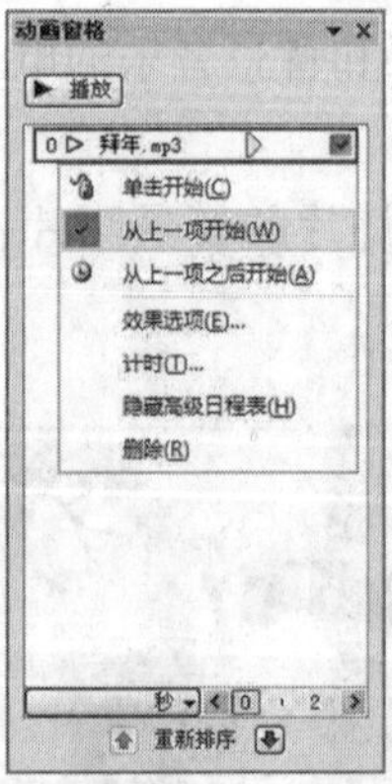

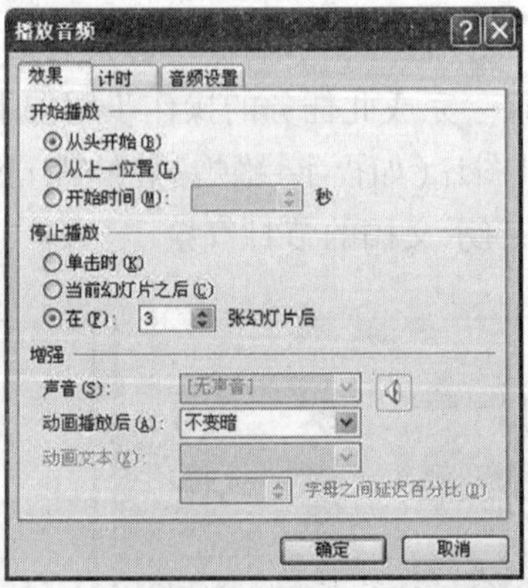

选中图片,在“动画”选项卡的“动画”组中单击“其他”按钮,在弹出的下拉列表中选择“更多强调效果”选项,在弹出的“更改强调效果”对话框中选择“温和型”中的“跷跷板”效果。

PPT 文稿的基本操作

插入图片和剪贴画对象

插入图片的方法是：在“插入”选项卡的“图像”组中单击“图片”按钮，在打开的“插入图片”对话框中插入来自文件的图片。插入剪贴画的方法是：在“插入”选项卡的“图像”组中单击“剪贴画”按钮，弹出“剪贴画”窗格。通过设置“搜索文字”和“结果类型”，可以将需要的剪贴画插入幻灯片，包括绘图、影片或库存照片等。

插入声音

插入声音的方法是：在“插入”选项卡的“媒体”组中单击“音频”按钮的向下箭头，根据需要选择音频类型，插入音频。然后选择所插入的音频，在“音频工具”选项卡的“播放”组中设置播放方式。

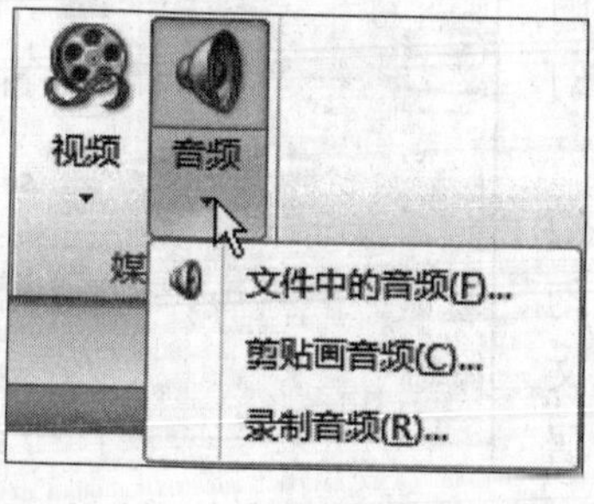

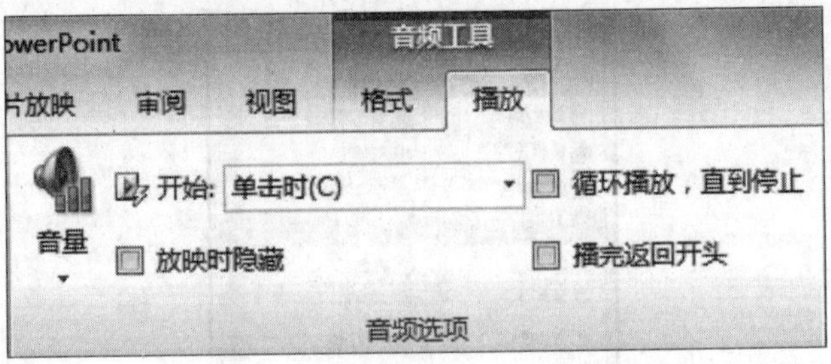

设置动画效果

PowerPoint 2010 提供的预设动画有“淡出”“擦除”和“飞入”等。应用预设动画，可以先选择要应用预设动画的对象，在“动画”选项卡的“动画”组中单击“其他”下拉按钮，从中选择一种预设效果即可。

PowerPoint 的多功能使用

案例描述：郑州国际会展中心将举行 2019 年郑州旅游展会，我们要对巩义市旅游产品进行推介。公司要求企划部做好展会现场的布置、宣传等工作。你要制作一份演示文稿，将巩义游、吃、住、行等信息生动形象地展示出来，并能够进行交互。

案例分析：本工作任务要求设计并制作演示文稿，通过文字、图片、表格和图表等形式展示巩义旅游产品，突出主题，吸引大家的目光，并通过超链接功能实现一定的交互功能。要完成本项工作，需要进行如下工作。

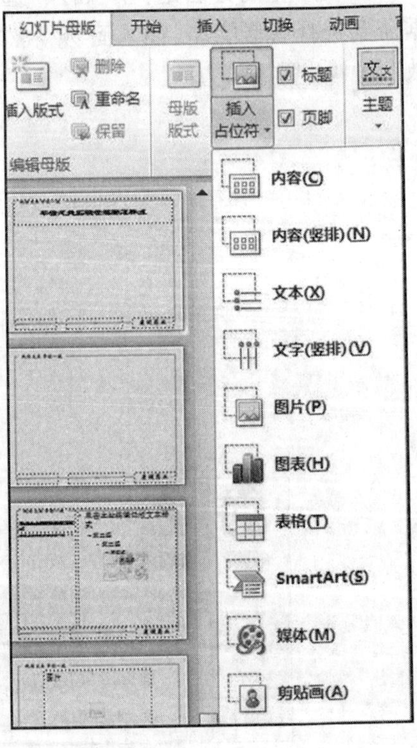

（1）为产品页创建模板，使之具有统一的外观和格式。

（2）为文字、图片添加超链接，以实现幻灯片之间的跳转。

（3）插入表格和图表，使其能更直观形象地反映关键数据。

操作要点

创建模板

管理幻灯片母版，要求学会幻灯片母版视图的进入与退出。母版版式的设计。创建和删除幻灯片母版。

在“视图”选项卡的“母版视图”组中单击“幻灯片母版”按钮，进入“仅标题”母版编辑状态（幻灯片母版视图）。选中“标题”占位符，设置标题文字格式为“隶书，36 号，加粗”，段落格式为“居中”。在“幻灯片母版”选项卡的“母版版式”组中单击“插入占位符”下拉按钮,在其下拉列表中选择“图片”命令。

创建超链接

右击按钮图片或链接文字,在弹出的快捷菜单中选择“超链接”命令,打开“插入超链接”对话框,在“插入超链接”对话框中,当要创建指向其他文件或网页的链接时,可以选择链接到“现有文件或网页”选项,并设置文件的位置或网页的地址。

若要创建指向本演示文稿的其他幻灯片,可以选择链接到“本文档中的位置”选项,并指定具体的幻灯片。

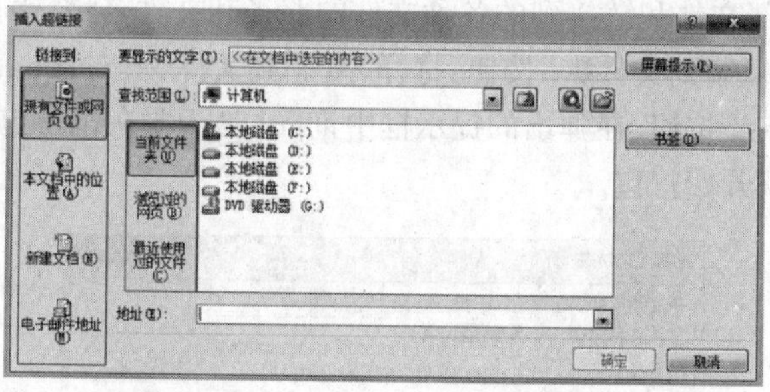

插入表格和图表

将光标定位在“内容”占位符中,在“插入”选项卡的“表格”组中单击“表格”下拉按钮,在其下拉列表中选择“插入表格”命令,在弹出的对话框中指定表格的行数和列数,输入表格数据。使用“插入表格”的方法创建的表格会自动套用表格样式。

如果幻灯片的某个占位符中有“插入图表”图标,可以单击该图标创建图表。否则在幻灯片中,可以通过单击“插入”选项卡的“插图”组中的“图表”按钮,打开“插入图表”对话框,选择图表类型后创建图表,同时打开图表设计窗格,根据需要修改 Excel 窗口图表数据区域中的数据。

若关闭了 Excel 窗口,选中图表后,在“图表工具”上下文选项卡的“设计”选项卡的“数据”组中单击“编辑数据”选项,可以再次打开 Excel 窗口。

页面设置

点击“设计”-“页面设置”。

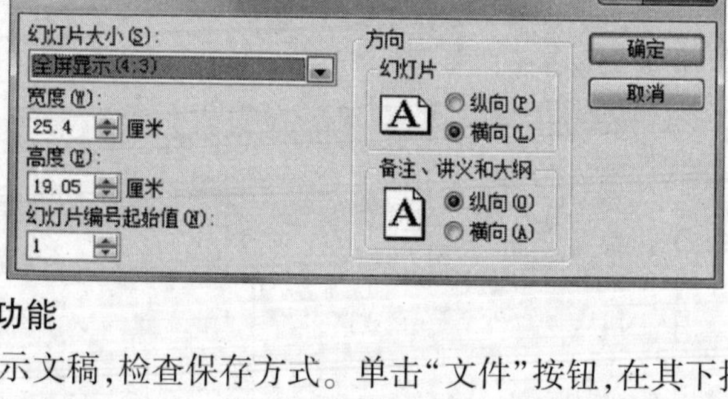

演示文稿打包功能

步骤 1:打开演示文稿,检查保存方式。单击“文件”按钮,在其下拉菜单中选择“保存并发送”→“将演示文稿打包成 CD”命令,打开“将演示文稿打包成 CD”界面。

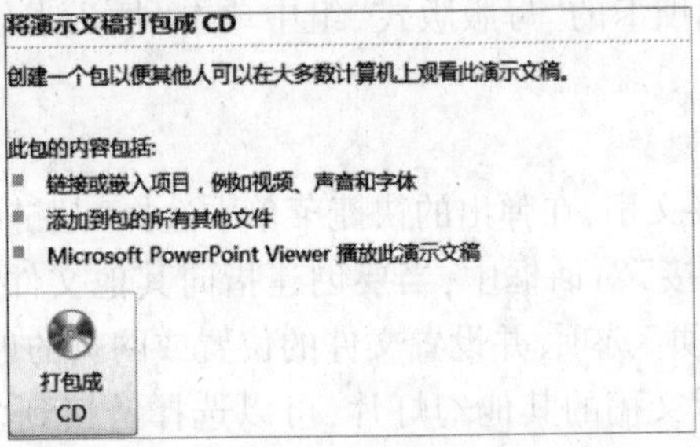

步骤 2：添加文件。单击“打包成 CD”按钮，在打开的“打包成 CD”对话框中，找到该演示文稿涉及的外部文件和链接到的各种文件的路径和文件名称，逐一或批量添加。

步骤 3：单击“复制到文件夹”按钮，打开“复制到文件夹”对话框，设置存放集成文件的文件夹，单击“确定”按钮，在弹出的提示框中询问“是否要在包中包含链接文件”，单击“是”按钮，演示文稿开始打包。

技能实训

实训要求：要求演示文稿简单易懂，方便操作，同时具有生动性和趣味性，并能吸引观众。

实训分析：根据要求，制作的演示文稿中需要包含文字、艺术字、图片、视频、音频、动画等内容。因此，可以将该任务分解为下面 5 个分任务。

(1)设置幻灯片的页面属性。

(2)在幻灯片中添加文字、艺术字、图片、视频、音频、动画等内容。

(3)添加并设置备注。

(4)插入并设置动作按钮。

(5)插入并设置动画效果。

08 Excel 技能

技能训练目标

了解办公自动化的含义、特点、发展历程及未来趋势。

能熟练对工作表进行操作。

能熟练对单元格进行操作,并理解单元格的相对引用和绝对引用的概念。

能熟练输入数据,并能进行数据排序、筛选、分类汇总,重点掌握公式和函数的使用方法,体会 Excel 强大的函数功能。

能熟练格式化工作表,使其美观,并能设置数据的有效性。

能熟练创建、修改图表并打印工作表。

复杂表格的制作

案例描述:你是一名梦飞公司人事部的新员工,对于一些基本的工作业务还不是十分熟练,所以人事部经理需要对你进行一些基本的培训,以使你能够尽快地融入工作当中。

人事部通过员工信息表记录公司所有员工的个人资料情况,同时不断将新员工的个人情况添加到信息表中,以便于查看或处理其他所需要的事务。人事部经理要求你统计这些信息,制作出一个完整的员工信息表。

制作这个表可以用两种方式:一种是使用 Word 制作,另一种就是使用功能更加强大的 Excel 来制作。因为 Excel 有 Word 不具备的十分强大的统计功能,本次用 Excel 来制作这个员工信息表。

案例分析:本工作任务的重点是输入各种不同类型的数据,并能够操作和查看工作表。完成该任务,需要掌握以下几点:①会在工作表中输入各项数据。②熟练掌握工作表的基本操作。③能够根据需要设置单元格的格式。④会插入批注。⑤会使用条件格式。⑥会添加页眉和页脚,设置打印区域。

操作要点:输入各项数据,使用填充柄填充数据。填充柄 Excel 提供的快速填充单元格工具。在选定的单元格右下角,有黑色方形点,当鼠标指针移动到上面时,会变成细黑十字形,拖拽它即可完成对单元格的数据、格式、公式的填充。

工作表的基本操作

工作表的基本操作:工作表的重命名,工作表的选择、插入、移动、复制和删除,工作表的保护。

单元格的基本操作:选择单元格、行或列,插入单元格、行或列,删除单元格、行或列,移动和复制单元格、行或列,清除单元格。

设置单元格的格式:对要设置格式的单元格右击,选择“设置单元格格式(F)...”,可以设置数据类型、对齐、字体、边框、图案和保护。

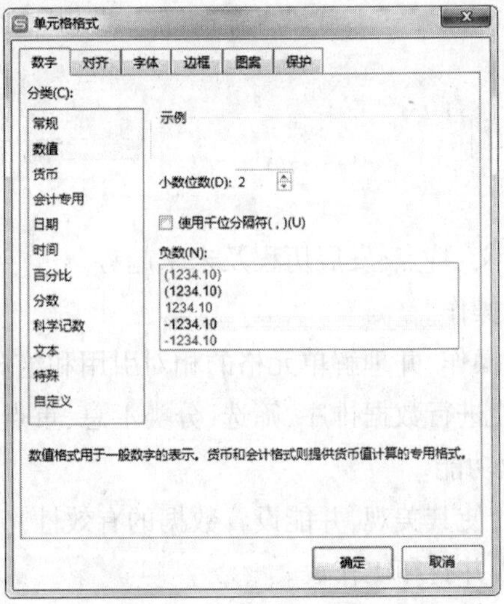

套用表格样式可以快速美化表格。在“开始”选项卡“样式”组中选择“套用表格样式”即可。

使用批注:为需要详细说明的单元格添加批注。选中需要插入批注的单元格,在“审阅”选项卡的“批注”组中单击“新建批注”按钮。此时所选单元格的右侧出现批注框,并以箭头形状与所选单元格连接。批注框中显示审阅者用户名,在其中输入批注内容,单击其他单元格确认完成操作。

条件格式:条件格式是指当指定条件为真时,Excel 自动应用于单元格的格式,例如,单元格底纹或字体颜色。如果想为某些符合条件的单元格应用某种特殊格式,使用条件格式功能可以比较容易实现。如果再结合使用公式,条件格式就会变得更加有用。

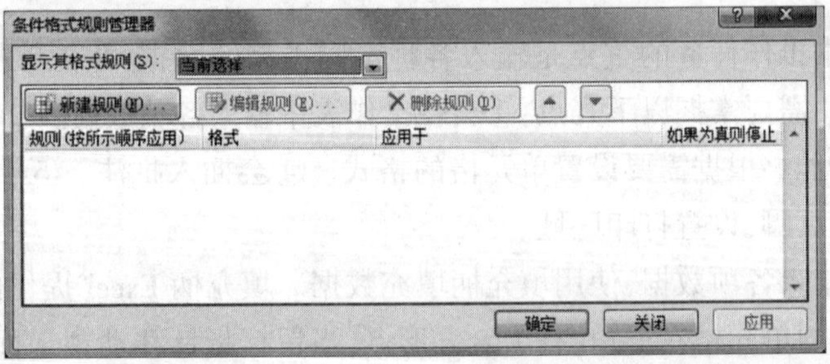

(1)快速格式化。选择单元格区域,在“开始”选项卡的“样式”组中,单击“条件格式”下拉按钮,在其下拉列表中选择“色阶”命令,选择需要的双色刻度即可。

(2)高级格式化。选择单元格区域,在“开始”选项卡的“样式”组中,单击“条件格式”下拉按钮,在其下拉列表中选择“管理规则”命令,打开“条件格式规则管理器”对话框。

若要添加条件格式,可以单击“新建规则”按钮,打开“新建格式规则”对话框,若要更改条件格式,可以先选择规则,单击“确定”按钮返回上级对话框,然后单击“编辑规则”按钮,显示“编辑格式规则”对话框(与“新建格式规则”对话框类似)。在该对话框中进行相应的设置即可。

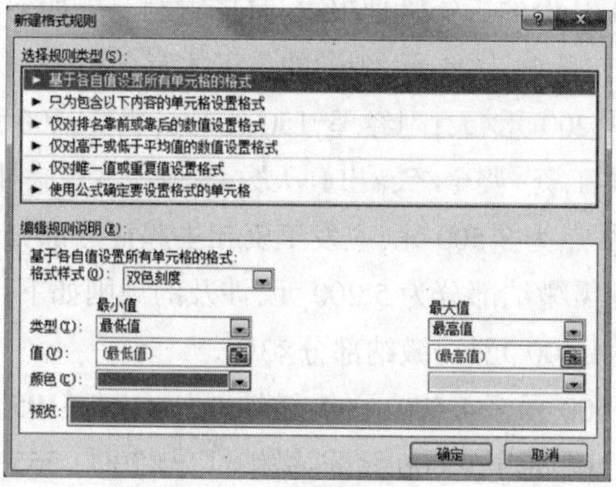

添加页眉和页脚,设置打印区域。

页眉和页脚设置与 Word 类似,不再讲述。然后进行页面设置,设置纸张大小、方向和页边距。

重点学会设置打印区域。在工作表上选择需要打印的单元格区域的方法为:单击“页面布局”选项卡的“页面设置”组中的“打印区域”下拉按钮,在其下拉列表中选择“设置打印区域”,即可设置打印区域。要取消打印区域,选择“取消打印区域”即可。

单击“页面布局”选项卡的“页面设置”组的“打印标题”按钮,打开“页面设置”对话框,切换到“工作表”选项卡,在“打印标题”选项的“顶端标题行”文本框中设置表格标题的单元格区域。

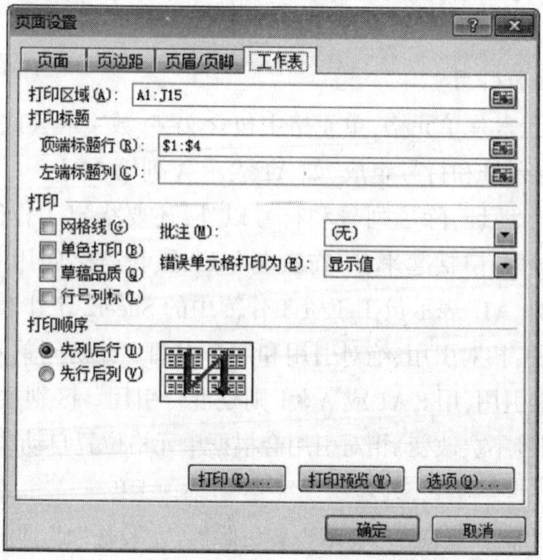

表格的基本应用

案例描述:梦飞公司财务科的你每月负责统计各部门考勤,审查员工的加班工时或出差费用,计算、编制员工工资表,并对工资表进行相应的数据统计工作。

对于公司 2019 年 1 月份的工资管理报表,具体编制要求如下:

(1)2019 年 1 月工作日总计 24 天,满勤的员工才有全勤奖。

(2)奖金级别:经理,200 元/天;副经理,150 元/天;职员,100 元/天。

(3)应发工资=基本工资+奖金/天×出勤天数+全勤奖+差旅补助。

(4)个人所得税起征点为 3 500 元,应发工资扣去起征点部分为需缴纳部分。本例中最高工资为 8 700 元,即需缴纳部分为 5 200 元,涉及的规则如下。

需缴纳部分不超过 1 500 元的:缴纳部分×3%。

需缴纳部分超过 1 500 元至 4 500 元的:缴纳部分×10%-105。

需缴纳部分超过 4 500 元至 9 000 元的:缴纳部分×20%-555。

(5)实发工资=应发工资-个人所得税。

(6)统计工资排序情况、超出平均工资的人数、最高工资和最低工资。

案例分析:在 Excel 中计算、编制员工工资报表的根本方法是正确、合理地使用公式和函数。完成该任务需要进行如下工作:

(1)根据员工职务级别,确定“奖金/天”。

(2)计算员工的“应发工资”。

(3)按规定计算员工的“个人所得税”。

(4)计算员工的“实发工资”,并对“实发工资”进行排位。

(5)进行工资数据统计:“超过平均工资的人数”“最高工资”和“最低工资”。

由此可知,在操作过程中,公式的创建、函数的使用、单元格的引用方式是关键。

操作要点

单元格地址、名称和引用

工作簿中的基本元素是单元格,单元格中包含文字、数字或公式。单元格在工作簿中的位置用地址标识,由列号和行号组成,如 A1 表示 A 列第 1 行。

一个完整的单元格地址,除了列号和行号以外,还要指定工作簿名和工作表名。其中,工作簿名用方括号“[ ]”括起来,工作表名与列号、行号之间用叹号“!”隔开。例如,“[工资表.xlsx]Sheet2! A1”表示员工工资工作簿中的 Sheet2 工作表的 A1 单元格。

单元格引用有三种:相对引用、绝对引用和混合引用。如访问单元格 A1,用 A1 是相对引用,用 A1 是绝对引用,用 $A1 或 A$1 则是混合引用。区别主要在于当进行公式填充时,$后的行号或列号不会改变,相对引用会根据单元格位置自动改变行号和列号。

运算符及优先级

(1)算术运算符:加“+”、减“-”、乘“*”、除“/”、乘幂“^”、百分比“%”、括号“( )”等,算术运算的结果为数值型。

(2)比较运算符:等于“=”、大于“>”、小于“<”、大于等于“>=”、小于等于“<=”、不等于“<>”。比较运算结果为逻辑值 True 或 False。

(3)文本连接运算符:“&”,连接一个或多个文本。例如,“河南”&“郑州”的结果为

"河南郑州"。

(4)引用运算符:冒号":"、逗号","、空格" "。其中,":"用于表示一个连续的单元格区域,如 A1:C6;","用于将多个单元格区域合并成一个引用。注意:这里用的必须是英文符号。

公式和函数的使用

Excel 公式是由数字、运算符、单元格引用、名称和内置函数构成的。输入公式的方法为:选中要输入公式的单元格,在编辑栏中输入"="后,再输入具体的公式,单击"编辑栏"左侧的输入按钮或按 Enter 键,完成公式输入。

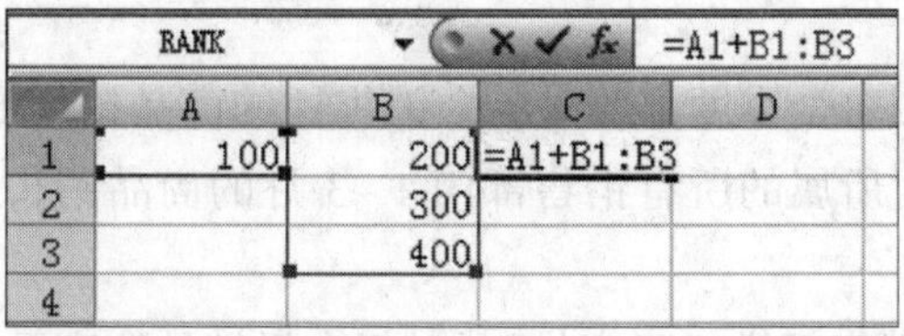

公式可以复制,也可以用填充柄进行自动填充。此时注意单元格地址的引用方式。

函数格式:函数名(参数 1, 参数 2,...)

其中,参数可以是数字、文本、逻辑型数据、单元格引用和表达式等,还可以是常量、公式和其他函数。所有在函数中使用的标点符号,若不是作为文本输入的,都必须在英文状态下输入。在某些情况下,可能需要将某个函数作为另一个函数的参数,这就是函数的嵌套。

函数的输入:

(1)选择要输入函数的单元格,在编辑栏中输入"=",再输入具体的函数,按 Enter 键,完成函数的输入。

(2)选择要输入函数的单元格,单击编辑栏左侧的"插入函数"按钮或在"公式"选项卡的"函数库"组中单击"插入函数"按钮,打开"插入函数"对话框;选择需要的函数,单击"确定"按钮,打开"函数参数"对话框;设置需要的函数参数,单击"确定"按钮,即可完成函数的输入。

重点函数:求和,平均值,计数,排名,选择。

保护工作簿

(1)选择"审阅"选项卡的"更改"命令组,选择"保护工作簿"命令,出现"保护结构和窗口"对话框。

(2)选中"结构"复选框,表示保护工作簿的结构,不能对工作簿中的工作表进行移动、删除、插入等操作。

(3)如果选中"窗口"复选框,则每次打开工作簿时保持窗口的固定位置和大小,工作簿的窗口不能移动、缩放、隐藏、取消隐藏。

(4)输入密码。可以防止他人取消工作簿保护。

(5)设置好各选项后,单击“确定”按钮即可。

隐藏工作表

屏幕上不再出现该工作表,但可以引用该工作表中的数据。但若对工作簿实施了“结构”保护,就不能隐藏其中的工作表。

此外,还可以隐藏工作表的某行或某列。选定需要隐藏的行(列),右击,在弹出的快捷菜单中选择“隐藏”命令,则隐藏的行(列)将不显示,但可以引用其中单元格的数据,行或列隐藏处出现一条黑线。选定已隐藏行(列)的相邻行(列),右击,在弹出的快捷菜单中选择“取消隐藏”命令,即可显示隐藏的行或列。

数据处理功能

案例描述:梦飞公司每个季度都要对各个销售处的商品销售数据进行汇总、计算、排序等工作。目前,准备对所属的所有销售部门1~3月的商品销售情况进行汇总,具体工作如下。

(1)按月对商品的销售额进行降序排列、对每个经销处按商品销售额进行降序排列。

(2)以列表显示指定月份、指定经销处、指定销售数量的商品销售情况。

(3)统计各经销处1~3月的平均销售额,同时汇总各经销处的月销售额。

(4)对所有销售部门的商品销售数量和销售金额进行合并计算。

案例分析:

(1)利用“排序”对话框实现按月份对商品的销售额进行降序排列。

(2)在“排序”对话框中自定义排序序列,对每个经销处按商品销售额进行降序排列。

利用筛选功能完成下面的工作:

(1)使用自动筛选功能以列表显示1月份的商品销售情况,其余数据被隐藏。

(2)通过自定义自动筛选方式,1月份销售数量在50~85台的商品销售情况。

(3)通过高级筛选功能,以列表显示第一经销处1月份销售数量超过70台的销售数据及“索尼EA35”3月份的销售情况(设置筛选条件区域)。

利用分类汇总功能统计各经销处1~3月的平均销售额,并汇总各经销处的月销售额(其中,汇总主关键字为“销售部门”,汇总次关键字为“月份”)。

利用合并计算功能对第一经销处、第二经销处、第三经销处的商品销售数量和销售金额进行合并计算。

操作要点

排序

选中工作表中的任意单元格,在“数据”选项卡的“排序和筛选”组中单击“排序”按钮,打开“排序”对话框。在“主要关键字”下拉列表框中选择“月份”,在“次序”下拉列表框中选择“升序”,表示首先按月份升序排列。在“排序”对话框中单击“添加条件”按钮,添加次要关键字。

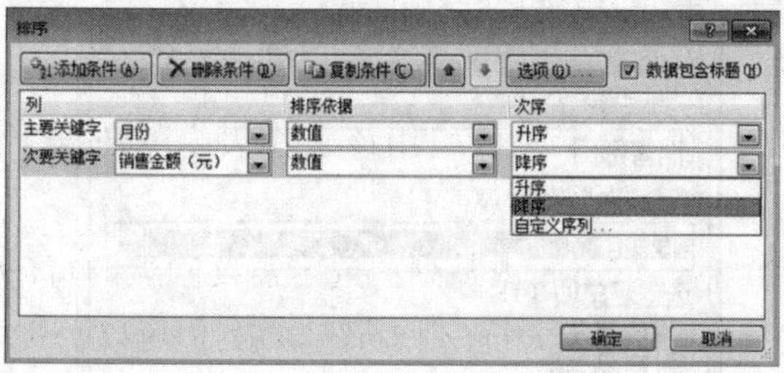

拔高内容——自定义序列：在上图的“主要关键字”选择要排序的关键字，“次序”下拉列表框中选择“自定义序列”选项，打开“自定义序列”对话框，在“输入序列”列表框中依次输入“一分”“二分”“三分”，单击“添加”按钮，再单击“确定”按钮返回“排序”对话框，则“次序”下拉列表框中已设置为定义好的序列。

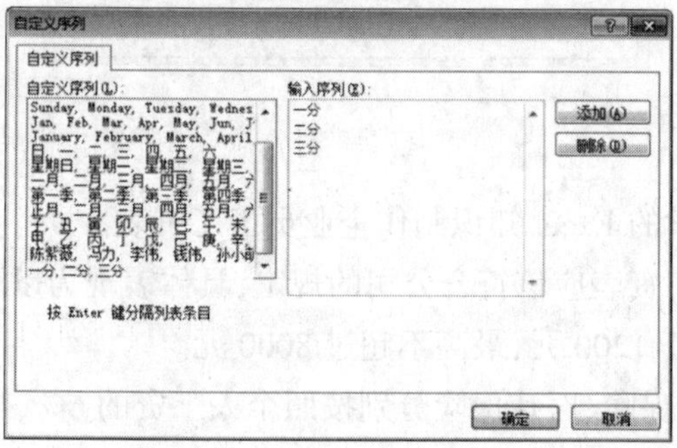

筛选

选中工作表中的任意单元格，在“数据”选项卡的“排序和筛选”组中单击“自动筛选”按钮。

分类汇总

分类汇总是指对某个字段的数据进行分类，并快速对各类数据进行汇总统计。汇总的类型有求和、计数、平均值、最大值、最小值等，默认的汇总方式是求和。

创建分类汇总时，首先要对分类的字段进行排序。创建数据分类汇总后，Excel 会自动按汇总时的分类对数据清单进行分级显示，并自动生成数字分级显示按钮，用于查看各级别的分级数据。

如果需要在一个已经建立了分类汇总的工作表中再进行另一种分类汇总，两次分类汇总时使用不同的关键字，即嵌套分类汇总，则需要在进行分类汇总操作前，对主关键字和次关键字进行排序。进行分类汇总时，将主关键字作为第一级分类汇总关键字，将次关键字作为第二级分类汇总关键字。

若要删除分类汇总，只需在“分类汇总”对话框中单击“全部删除”按钮即可。

选择数据区域中的任意单元格，在“数据”选项卡的“分级显示”组中单击“分类汇总”按钮，打开“分类汇总”对话框。

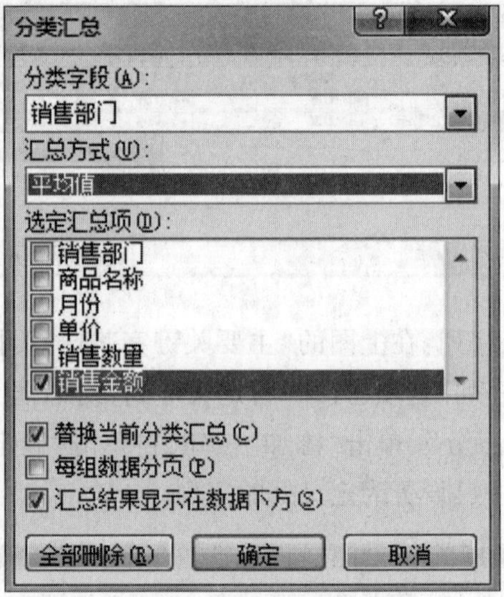

技能实训

实训目的：利用所学的 Excel 知识制作企业员工工资表。

实训要求：制作的工资表应该符合公司的规定，具体表现为以下几条。

(1)基本工资不低于 1200 元，最高不超过 8000 元。

(2)工伤保险、养老保险、医疗保险分别按照个人工资的 6%、7%、8%计算。

(3)有孩子的员工托儿补助一律为 20 元。

(4)病假、事假、迟到、早退等按照实际情况进行扣款。

实训分析：利用 Excel 制作员工工资表，除了需要列出每个员工的工资情况以外，还需要将全体员工的工资总和、平均值等进行汇总计算，并可以按照多个关键字进行查询。本实训可由以下几个部分完成：①在 Excel 中创建绩效表，验证输入人员的工资数据。②输入公式进行计算。

09 认识二进制

技能训练目标

熟悉进制的概念和分类。

掌握进制转换方法。

计算机使用二进制

计算机的发明与应用被称作20世纪第三次科技革命的重要标志之一,而数字计算机只能识别和处理由"0""1"组成的代码,只使用0、1两个数字符号,非常简单方便,易于用电子方式实现。二进制由18世纪德国数理哲学大师莱布尼兹发现。当前的计算机系统使用的基本上都是二进制系统,数据在计算机中主要是以补码的形式存储的。

进制的分类

进制也就是进位计数制,是人为定义的带进位的计数方法(有不带进位的计数方法)。进位制计数法是一种计数方式,可以用有限的数字符号代表所有的数值。可使用数字符号的数目称为基数(en:radix)或底数,基数为n,即可称n进位制,简称n进制。现在最常用的是十进制,通常使用10个阿拉伯数字0~9进行计数。

对于任何一个数,我们可以用不同的进位制来表示。比如:十进数57(10),可以用二进制表示为111001(2),也可以用八进制表示为71(8)、用十六进制表示为39(16),它们所代表的数值都是一样的。

十进制

人类天然选择了十进制。由于人类解剖学的特点,双手共有十根手指,故在人类自发采用的进位制中,十进制是使用最为普遍的一种。成语"屈指可数"某种意义上来说描述了一个简单计数的场景,而原始人类在需要计数的时候,首先想到的就是利用天然的算筹——手指来进行计数。十进制编码几乎就是数值本身。数值本身是一个数学上的抽象概念。经过长期的演化、融合、选择、淘汰,系统简便、功能全面的十进制计数法成为人类文化中主流的计数方法,经过基础教育的训练,大多数的人从小就掌握了十进制计数方法。

十进制的基数为10,数码由0~9组成,计数规律逢十进一。

二进制

二进制有两个特点:它由两个数码0、1组成,二进制数运算规律是逢二进一。

为区别于其它进制,二进制数的书写通常在数的右下方注上基数2,或在后面加B表示,其中B是英文二进制Binary的首字母。

例如:二进制数10110011可以写成$(10110011)_2$,或写成10110011B。对于十进制数可以不加标注,或加后缀 D,其中 D 是英文十进制 Decimal 的首字母 D。计算机领域我们之所以采用二进制进行计数,是因为二进制具有以下优点:

二进制数中只有两个数码 0 和 1,可用具有两个不同稳定状态的元器件来表示一位数码。例如,电路中某一通路的电流的有无,某一节点电压的高低,晶体管的导通和截止等。

二进制数运算简单,大大简化了计算中运算部件的结构。

二进制数的加法和乘法基本运算法则各有四条,如下:

0+0=0,0+1=1,1+0=1,1+1=10

0×0=0,0×1=0,1×0=0,1×1=1

二进制天然兼容逻辑运算。但是,二进制计数在日常使用上有个不便之处,就是位数往往很长,读写不便。

八进制

由于二进制数据的基数较小,所以二进制数据的书写和阅读不方便,为此引入了八进制。八进制的基数 R=8=2^3,有数码 0、1、2、3、4、5、6、7,并且每个数码正好对应三位二进制数,所以八进制能很好地反映二进制。八进制用下标 8 或数据后面加 O 表示,例如:二进制数据 (11 101 010 . 010 110 100)$_2$对应八进制数据 (352.264)$_8$ 或 352.264 O。

十六进制

由于二进制数在使用中位数太长,不容易记忆,所以又提出了十六进制数。

十六进制数有两个基本特点:它由十六个数码:数字 0~9 加上字母 A-F 组成(它们分别表示十进制数 10~15),十六进制数运算规律是逢十六进一,即基数 R=16=2^4,通常在表示时用尾部标志 H 或下标 16 以示区别,在 c 语言中用添加前缀 0x 以表示十六进制数。

例如:十六进制数 4AC8 可写成(4AC8)$_{16}$,或写成 4AC8H。

进制转换

十进制转换为二进制

将十进制数除以 2,除下来的余数(有 1、0 两种余数)写在后面,商写在下面并继续除以 2;以此类推,一直到除以 2 时商为 0 至,最后,从底向上将余数连起来就是该十进制对应的二进制数。即"除 2 取余,逆向排序"。例如:

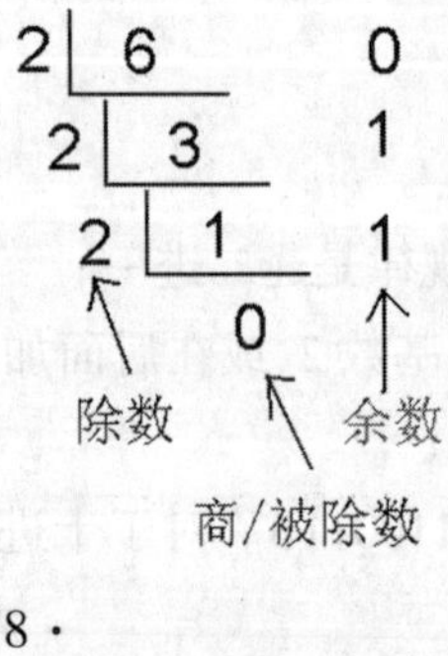

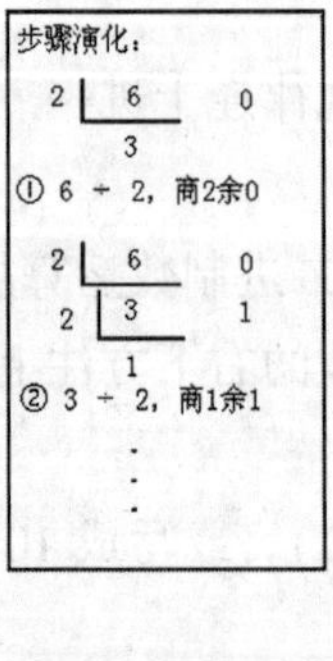

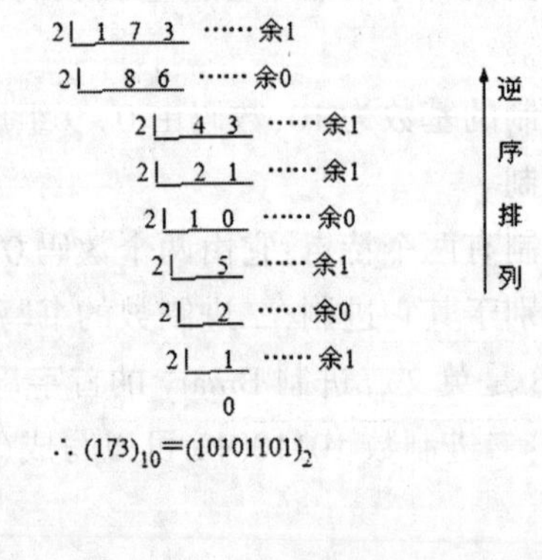

二进制转换为十进制

我们先分解一个十进制数 1024：

$1024=1\times10^3+0\times10^2+2\times10^1+4\times10^0$

1024 是一个 4 位数，千位的一个 1 就代表 1000，即 10^3，个位的 4 就代表 4，即 10^0，10^n 是各位的权。因为十进制数是逢 10 进 1，权重用 10，而二进制是逢 2 进一，则二进制数各位的权应该是 2^n，n 从最低位 0 开始递增。那么一个二进制数转换为十进制数可以这样进行。

一个二进制数 10011101：

$(10011101)_2=1\times2^7+0\times2^6+0\times2^5+1\times2^4+1\times2^3+1\times2^2+0\times2^1+1\times2^0=128+0+0+16+8+4+0+1=157$

常见数的对应

十进制数	二进制数	八进制数	十六进制数
1	1	1	1
2	10	2	2
3	11	3	3
4	100	4	4
5	101	5	5
6	110	6	6
7	111	7	7
8	1000	10	8
9	1001	11	9
10	1010	12	A
11	1011	13	B
12	1100	14	C
13	1101	15	D
14	1110	16	E
15	1111	17	F
16	10000	20	10
64	1000000	100	40
256	100000000	400	100
1024	10000000000	2000	400

请你打开附件中计算机器，选择“查看”菜单，选用“程序员”型，输入 256，再用其它进制看看是多少。

10 计算机工作原理

技能训练目标

熟悉计算机基本原理。

掌握计算机硬件组成。

计算机的硬件系统

硬件通常是指构成计算机的设备实体。一台计算机的硬件系统应由五个基本部分组成:运算器、控制器、存储器、输入和输出设备。其中运算器、控制器合称为中央处理器(CPU),各个部分之间用总线相连。这五大部分通过系统总线完成指令所传达的操作,计算机在接收指令后,由控制器指挥,将数据从输入设备传送到存储器存放,再由控制器将需要参加运算的数据传送到运算器,由运算器进行处理,处理的结果由输出设备输出。

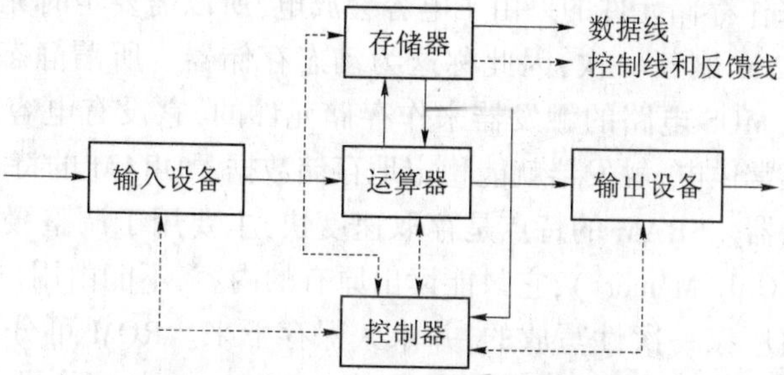

典型的冯·诺依曼计算机硬件框图

中央处理器

CPU(Central Processing Unit)意为中央处理单元,又称中央处理器。CPU 由控制器、运算器和寄存器组成,通常集中在一块芯片上,是计算机系统的核心设备。计算机以 CPU 为中心,输入和输出设备与存储器之间的数据传输和处理都通过 CPU 来控制执行。微型计算机的中央处理器又称为微处理器。

控制器

控制器是对输入的指令进行分析,并统一控制计算机的各个部件完成一定任务的部件。它一般由指令寄存器、状态寄存器、指令译码器、时序电路和控制电路组成。计算机的工作方式是执行程序,程序就是为完成某一任务所编制的特定指令序列,各种指令操作按一定的时间关系有序安排,控制器产生各种最基本的不可再分的微操作的命令信号,即微命令,以指挥整个计算机有条不紊地工作。当计算机执行程序时,控制器首先从指令寄存器中取得指令的地址,并将下一条指令的地址存入指令寄存器中,然后从存储器中取出指令,由指令译码器对指令进行译码后产生控制信号,用以驱动相应的硬件完成指令操作。简言之,控制器就是协调指挥计算机各部件工作的元件,它的基本任务就是根据种类指纹的需要综合有关的逻辑条件与时间条件产生相应的微命令。

运算器

运算器又称算术逻辑单元 ALU(Arithmetic Logic Unit)。运算器的主要任务是执行各种算术运算和逻辑运算。算术运算是指各种数值运算,比如:加、减、乘、除等。逻辑运算是进行逻辑判断的非数值运算,比如:与、或、非、比较、移位等。计算机所完成的全部运算都是在运算器中进行的,根据指令规定的寻址方式,运算器从存储或寄存器中取得操作数,进行计算后,送回到指令所指定的寄存器中。运算器的核心部件是加法器和若干个寄存器,加法器用于运算,寄存器用于存储参加运算的各种数据以及运算后的结果。

存储器

存储器分为内存储器(简称内存或主存)、外存储器(简称外存或辅存)。外存储器一般也可作为输入/输出设备。计算机把要执行的程序和数据存入内存中,内存一般由半导体存储器构成。半导体存储器可分为三大类:随机存储器、只读存储器、特殊存储器。RAM 是随机存取存储器(Random Access Memory),其特点是可以读写,存取任一单元所需的时间相同,通电时存储器内的内容可以保持,断电后,存储的内容立即消失。RAM 可分为动态(Dynamic RAM)和静态(Static RAM)两大类。所谓动态随机存储器 DRAM 是用 MOS 电路和电容来作存储元件的。由于电容会放电,所以需要定时充电以维持存储内容的正确,例如互隔 2ms 刷新一次,因此称这为动态存储器。所谓静态随机存储器 SRAM 是用双极型电路或 MOS 电路的触发器来作存储元件的,它没有电容放电造成的刷新问题。只要有电源正常供电,触发器就能稳定地存储数据。DRAM 的特点是集成密度高,主要用于大容量存储器。SRAM 的特点是存取速度快,主要用于调整缓冲存储器。ROM 是只读存储器(Read Only Memory),它只能读出原有的内容,不能由用户再写入新内容。原来存储的内容是由厂家一次性写放的,并永久保存下来。ROM 可分为可编程(Programmable)ROM、可擦除可编程(Erasable Programmable)ROM、电擦除可编程(Electrically Erasable Programmable)ROM。如 EPROM 存储的内容可以通过紫外光照射来擦除,这使它的内容可以反复更改。特殊固态存储器包括电荷耦合存储器、磁泡存储器、电子束存储器等,它们多用于特殊领域内的信息存储。

此外,描述内、外存储容量的常用单位有:①位/比特(bit):这是内存中最小的单位,二进制数序列中的一个 0 或一个 1 就是一个比特,在电脑中,一个比特对应着一个晶体管。②字节(B、Byte):是计算机中最常用、最基本的存在单位。一个字节等于 8 个比特,即 1 Byte=8bit。③千字节(KB、Kilo Byte):电脑的内存容量都很大,一般都是以千字节作单位来表示。1KB=1024Byte。④兆字节(MB、Mega Byte):20 世纪 90 年代流行微机的硬盘和内存等一般都是以兆字节(MB)为单位。1 MB=1024KB。⑤吉字节(GB、Giga Byte):市场流行的微机的硬盘已经达到 430GB、640GB、810GB、1TB 等规格。1GB=1024MB。⑥太字节(TB、Tera Byte):1TB=1024GB。最新有了 PB 这个概念,1PB=1024TB。

输入输出设备(I/O)

输入设备用来接收用户输入的原始数据和程序,并将它们变为计算机能识别的二进制存入内存中。常用的输入设备有键盘、鼠标、扫描仪、光笔等。输出设备用于将存入内存中的由计算机处理的结果转变为人们能接受的形式输出。常用的输出设备有显示器、打印机、绘图仪等。

总线

总线是一组为系统部件之间数据传送的公用信号线。具有汇集与分配数据信号、选择发送信号的部件与接收信号的部件、总线控制权的建立与转移等功能。典型的微机计算机系统的结构通常多采用单总线结构，一般按信号类型将总线分为三组，其中 AB(Address Bus)为地址总线，DB(Data Bus)为数据总线，CB(Control Bus)为控制总线。

基本原理

计算机在运行时，先从内存中取出第一条指令，通过控制器的译码，按指令的要求，从存储器中取出数据进行指定的运算和逻辑操作等加工，然后再按地址把结果送到内存中去。接下来，再取出第二条指令，在控制器的指挥下完成规定操作。依此进行下去。直至遇到停止指令。程序与数据一样存取，按程序编排的顺序，一步一步地取出指令，自动地完成指令规定的操作是计算机最基本的工作原理，这一原理最初是由美籍匈牙利数学家冯·诺依曼于 1945 年提出来的，故称为冯·诺依曼原理，冯·诺依曼体系结构计算机的工作原理可以概括为八个字：存储程序、程序控制。

存储程序：将解题的步骤编成程序（通常由若干指令组成），并把程序存放在计算机的存储器中（指主存或内存）；

程序控制：从计算机主存中读出指令并送到计算机的控制器，控制器根据当前指令的功能，控制全机执行指令规定的操作，完成指令的功能。重复这一操作，直到程序中指令执行完毕。

冯·诺依曼体系结构计算机的特点是：

(1)使用单一的处理部件来完成计算、存储以及通信的工作。

(2)存储单元是定长的线性组织。

(3)存储空间的单元是直接寻址的。

(4)使用低级机器语言，指令通过操作码来完成简单的操作。

(5)对计算进行集中的顺序控制。

(6)计算机硬件系统由运算器、存储器、控制器、输入设备、输出设备五大部件组成并规定了它们的基本功能。

(7)采用二进制形式表示数据和指令。

(8)在执行程序和处理数据时必须将程序和数据从外存储器装入主存储器中，然后才能使计算机在工作时能够自动调整地从存储器中取出指令并加以执行。

11 计算机配置单

技能训练目标

掌握写计算机配置单的方法及注意事项。

了解几款常见配置清单。

写计算机配置单的要领

案例描述：你是一名梦飞公司销售部的一名员工，今天接待了一名大学生，他要配置一台学习用的计算机，请根据他的需求写出一份完整且合理的计算机配置单供他参考。

案例分析：本工作任务的重点是要熟悉计算机的各部件及其参数、性能，还有各部件的兼容性。

注意：在开始写配置清单之前，一定要清楚客户的需求和预算。

写配置清单的工具

太平洋电脑网、中关村在线和京东都有模拟装机的网页，它们可以帮你迅速地写出一份电脑配置清单。平时进行训练是最好不过了。

当然也可以查看最新的评测和推荐产品，结合电商的实际情况，用记事本或 Excel 逐个配件挑选并记录下来，进而形成符合需求的“配置清单”。

配置清单

你要熟悉计算机的各部件，还要熟悉市场上的主要品牌及其主要型号，这就需要你经常关注计算机硬件市场。

主机：①CPU；②主板；③显卡；④内存；⑤固态硬盘；⑥机械硬盘；⑦机箱；⑧电源；⑨散热器；⑩光驱。

外设:①显示器;②键盘;③鼠标;④音箱;⑤耳机。

其他:①网卡;②声卡。

注意事项:以上清单的配件并不是每一件都是必需的。

(1)如果你选用的主板是集显平台,那么就可以不用独立显卡。

(2)固态硬盘和机械硬盘都是硬盘,两者至少要有一个。现在固态硬盘已经很便宜了,建议首选固态硬盘,还有钱就再加机械硬盘。

(3)光驱现在很少用,也是可选配件。

(4)音箱和耳机是声音输出设备,除非你不想要声音,否则两者也是至少选其一。

(5)现在我们一般都是直接用主板的集成网卡和声卡,除非有特殊情况才会单独买网卡和声卡。

复核

写好配置清单后,我们需要检查一下电脑配件的兼容性和平衡性,防止出错和避免头重脚轻。这时最好找另一个人帮你复核,因为同一个人不容易发现错误。

兼容性

CPU

一般来说,如果主板的 CPU 插槽和 CPU 支持的插槽一致就没问题。但是也有例外,有时需要更新主板的 BIOS 才能支持新的 CPU。所以,最稳妥的做法就是上主板的官网查看主板的 CPU 支持列表。

主板

首先,我们需要检查主板和机箱的兼容性。有些小机箱最大只能支持 mATX,如果你的主板是 ATX 就装不下了。

其次,主板上的 CPU 插槽,刚才已经说了,主要看官网的 CPU 支持列表。主板的内存插槽,在过渡时期,要注意内存类型,现在的新平台都是 DDR4 的。

随着 M.2 SSD 的流行,现在新主板都有 M.2 接口了。如果你买了 M.2 SSD,一定要检查主板有没有 M.2 接口,还要检查 M.2 接口的规格,M.2 有三种常见的规格——2242、2260 和 2280。

显卡

现在显卡的尺寸很大,需要注意它是否会和主板的 SATA 插槽和扩展插槽(PCI 和 PCIe)发生干涉。

还有如果显卡太长,有可能放不进机箱,这个也要检查。

内存

选购内存时,要注意内存与主板的兼容性。例如最大内存大小、内存类型和内存速度。

固态硬盘

固态硬盘的接口有很多种,现在流行的是 SATA 和 M.2 接口,M.2 接口又分为 2242、2260 和 2280。除了要检查接口类型,还要看接口的速度,M.2 接口有 16Gbps 和 32Gbps 两种速度。

电源

除了复核一下电源的功率是否能满足平台的耗电量,还要检查一下机箱能否装下电源,现在常用的 PC 电源规格是 ATX(150mm×140mm×86mm)。

散热器

CPU 散热器的 TDP 必须大于等于 CPU 的 TDP,而且它必须兼容选购的 CPU 插槽。还要注意 CPU 散热器是否太大,导致它和扩展插槽、内存插槽发生干涉,或者 CPU 散热器太高,装不进机箱。机箱散热器(如果有的话)要复核尺寸,最常见的是 12cm 和 8cm 的,还有供电接口的类型和来源(用主板的还是电源的)。

如果你要玩水冷散热器的话,还要注意机箱是否支持。

机箱

其实上面已经提到了各个配件和机箱的兼容性,这里再重复一下,避免出错。

再一次检查机箱和各个配件的兼容性,包括主板规格、显卡长度、电源规格、CPU 散热器高度、机箱散热器和水冷支持。很多配件都和机箱与主板有关,所以你想兼容性不出问题的话,最好选个大点的机箱和 ATX 主板。

平衡性

一般来说,写配置时,我们会把大部分钱花在 CPU、显卡和内存上,平衡各个配件,高端配高端,低端配低端。复核完兼容性之后,不妨看一下整体配置,最后再优化一下,避免出现头重脚轻的情况。

有了以上准备,相信你应该能写出一份完整且合理的电脑配置清单了,开始行动吧!

2019 年游戏爱好者常见配置清单举例

3000 元左右游戏电脑主机

配置介绍	配件名称	型号	推荐品牌及注意事项
这套配置清单最新 i3-8100 处理器,最新 GTX1050 显卡,适合游戏娱乐。独立显卡规格如果低了和集显性能差距不大就没意义了,所以 3000 元这个价位要一台处理器和显卡都是最新款的组装机选择不多,英伟达 GTX1050 是最佳显卡,再配合最新 i3,性能均衡。这套电脑主机价格在 3100 元左右	处理器	英特尔酷睿四核 i3-8100	英特尔
	显卡	GTX1050 独显 2G DDR5 显存	技嘉/华硕/七彩虹/影驰/索泰
	内存	8G DDR4 2400	金士顿/威刚/镁光/宇瞻/芝奇/十铨
	主板	H310 主板	华硕/技嘉/微星/七彩虹
	硬盘	120GB 固态硬盘	三星/西部数据/英睿达/浦科特 有存储需求的用户加一块机械硬盘
	电源	300W 额定电源	航嘉/长城/Tt/先马/金河田,认准 3C 安全强制认证

4000元左右游戏电脑主机

配置介绍	配件名称	型号	推荐品牌及注意事项
4000元级最主流的两套配置单之一，最新英特尔酷睿 i5-8400 六核处理器，主频 2.8GHz 睿频 4GHz；最新英伟达 GTX1050Ti 4GD5 显卡，支持最新 DirectX 12 游戏特效，畅玩大型游戏。不算机箱外设，目前这套配置价格在3700元左右	处理器	英特尔酷睿 i5-8400	英特尔
	显卡	GTX1050 Ti 独显 4G DDR5 显存	技嘉/华硕/微星/七彩虹/影驰
	内存	8G DDR4 2400	金士顿/威刚/镁光/宇瞻/芝奇/十铨
	主板	B360 主板	微星/华硕/技嘉/七彩虹
	硬盘	128GB 固态硬盘	三星/西部数据/英睿达/浦科特 有存储需求的用户加一块机械硬盘
	电源	300W 额定电源	航嘉/长城/Tt/先马/金河田 认准3C安全强制认证

5000元左右游戏电脑主机

配置介绍	配件名称	型号	推荐品牌及注意事项
5000元级最经典的配置，英特尔最新酷睿 i7-8700 处理器+英伟达最新 GTX1060 显卡组合，兼顾强劲的数据处理能力和强劲的图形处理能力，性能均衡没有短板。不算机箱外设，这套主机配置价格在5300元左右	处理器	英特尔酷睿 i7-8700	英特尔
	显卡	GTX1060 独显 5G DDR5 显存	微星/技嘉/华硕/七彩虹/影驰
	内存	8G DDR4 2400	金士顿/威刚/镁光/宇瞻/芝奇/十铨
	主板	B360 主板	微星/华硕/技嘉/七彩虹
	硬盘	240GB 固态硬盘	三星/西部数据/英睿达/浦科特 有存储需求的用户加一块机械硬盘
	电源	400W 额定电源	航嘉/长城/Tt/先马/金河田 认准3C安全强制认证

6000元左右游戏电脑主机

配置介绍	配件名称	型号	推荐品牌及注意事项
现在流行一种生活方式叫“轻奢”,6000元的电脑主机可以说是“轻高端”,属于入门级高端配置了。这套配置由英特尔i7-8700k处理器、英伟达GTX1060 6GD5显卡、水冷散热器组成,i7-8700k主频3.7GHz睿频4.7GHz,是这代最强酷睿i7,GTX1060显卡能对大多数游戏高特效运行	处理器	英特尔酷睿i7-8700k	英特尔
	显卡	GTX1060独显6G DDR5显存	微星/技嘉/华硕/七彩虹/影驰
	内存	8G DDR4 2400	金士顿/威刚/镁光/宇瞻/芝奇/十铨
	散热器	水冷	酷冷至尊/Vgame/九州风神/超频3
	主板	Z370主板	微星/华硕/技嘉/七彩虹
	硬盘	240GB固态硬盘	三星/西部数据/英睿达/浦科特 有存储需求的用户加一块机械硬盘
	电源	500W额定电源	航嘉/长城/Tt/先马/金河田 认准3C安全强制认证

12 最常用的软件

技能训练目标

熟悉软件分类。

熟悉常见文档类型和阅读与处理软件。

压缩软件的使用。

图片的查看和简单处理。

下载工具的熟练使用。

软件分类

我们和计算机打交道,其实是在使用不同的软件,浏览网页用 IE 浏览器,上网聊天我们用 QQ、微信,平面设计我们用 PhotoShop……软件数以万计,即使类似功能的软件也可达数百种。有的软件是免费的,有的软件却很贵,我们有必要了解不同软件的一些特性。

应用类别

按软件的应用范围划分,一般来讲软件被划分为系统软件、应用软件和介于这两者之间的中间件。

系统软件

系统软件为计算机使用提供最基本的功能,可分为操作系统和支撑软件,其中操作系统是最基本的软件。比如:Windows 系列、Linux 操作系统。

系统软件是负责管理计算机系统中各种独立的硬件,使得它们可以协调工作。系统软件使得计算机使用者和其他软件将计算机当作一个整体而不需要顾及到底层每个硬件是如何工作的。

(1)操作系统是管理计算机硬件与软件资源的程序,同时也是计算机系统的内核与基石。操作系统身负诸如管理与配置内存、决定系统资源供需的优先次序、控制输入与输出设备、操作网络与管理文件系统等基本事务。操作系统也提供一个让使用者与系统交互的操作接口。

(2)支撑软件是支撑各种软件的开发与维护的软件,又称为软件开发环境(SDE)。它主要包括环境数据库、各种接口软件和工具组。著名的软件开发环境有 IBM 公司的 Web Sphere、微软公司的 Studio.NET 等。

另外,还包括一系列基本的工具(比如编译器、数据库管理、存储器格式化、文件系统管理、用户身份验证、驱动管理、网络连接等方面的工具)。

应用软件

系统软件并不针对某一特定应用领域,而应用软件则相反,不同的应用软件根据用户和所服务的领域提供不同的功能。

应用软件是为了某种特定的用途而被开发的软件。它可以是一个特定的程序,比如一个图像浏览器。也可以是一组功能联系紧密,可以互相协作的程序的集合,比如微软的

Office 软件。也可以是一个由众多独立程序组成的庞大的软件系统,比如数据库管理系统。

如今智能手机大行其道,运行在手机上的应用软件就是 APP。下载手机软件时还要考虑你购买这一款手机所安装的系统来下载相对应的软件。手机主流操作系统有 iPhone iOS、Android 等。

授权类别

不同的软件一般都有对应的软件授权,软件的用户必须在同意所使用软件的许可证的情况下才能够合法的使用软件。从另一方面来讲,特定软件的许可条款也不能够与法律相违背。

依据许可方式的不同,大致可将软件区分为几类:

专属软件:此类授权通常不允许用户随意的复制、研究、修改或散布该软件。违反此类授权通常会有严重的法律责任。传统的商业软件公司会采用此类授权,例如微软的 Windows 和办公软件。专属软件的源码通常被公司视为私有财产而予以严密的保护。下图为 2012 年 10 月搜到 Windows 的官方价格。

自由软件:此类授权正好与专属软件相反,赋予用户复制、研究、修改和散布该软件的权利,并提供源码供用户自由使用,仅给予些许的其它限制。Linux、Firefox 和 OpenOffice 可作为此类软件的代表。

根据自由软件基金会的定义,自由软件是一种可以不受限制地自由使用、复制、研究、修改和分发的软件。这方面的不受限制正是自由软件最重要的本质。要将软件以自由软件的形式发表,通常是让软件以"自由软件授权协议"的方式被分配发布,以及公开的软件原始码。自由软件对全世界的商业发展有巨大的贡献。自由软件使成千上万人的日常工作更加便利,为了满足用户的各种应用需要,它以一种不可思议的速度发展。自由软件是信息社会下以开放创新、共同创新为特点的创新 2.0 模式在软件开发与应用领域的典型体现。主要许可证有 GPL 和 BSD 许可证两种。

下面大家搜索一下 Linux,了解 Linux 的特点。

共享软件:是以"先使用后付费"的方式销售的享有版权的软件。根据共享软件作者的授权,用户可以从各种渠道免费得到它的拷贝,也可以自由传播它。用户总是可以先使用或试用共享软件,认为满意后再向作者付费;如果你认为它不值得花钱买,可以停止使用。

通常可免费取得并使用其试用版,但在功能或使用期间上受到限制。开发者会鼓励用户付费以取得功能完整的商业版本。根据共享软件作者的授权,用户可以从各种渠道免费得到它的拷贝,也可以自由传播它。

WinRAR 就是一款共享软件,HyperSnap 也是一款著名的共享软件。

免费软件:免费软件(Freeware)是可以自由免费使用的软件,并且可以拷贝给别人,而不必支付任何费用给程序的作者,使用上也不会出现任何日期的限制或是软件使用上的限制。不过当你拷贝给别人的时候,必须将完整的软件档案拷贝给他人,且不得收取任何的费用金额或转为其它商业用途。在你未经程序作者的同意下,更是不能擅自修改该软件的程序代码,否则视同侵权。但免费软件并不提供源码,也无法修改。

公共软件:原作者已放弃权利,著作权过期,或作者已经不可考究的软件。使用上无任何限制。

SaaS 软件模式的诞生,彻底颠覆了传统软件使用上的根基,它解决了软件曾依赖的版权问题,让软件没有版权,让软件的价值体现在服务上,这才是更合理的价值取向。

什么是 SaaS 模式? SaaS 是一种通过 Internet 提供软件的模式,厂商将应用软件统一部署在自己的服务器上,客户可以根据自己的实际需求,通过互联网向厂商定购所需的应用软件服务,按定购的服务多少和时间长短向厂商支付费用,并通过互联网获得厂商提供的服务。

练习

安装并试用软件 HyperSnap 8,请问是什么类型的软件? 有什么限制?

安装并试用软件视频分割专家 11.8,请问是什么类型的软件? 有什么限制?

大家可以到"华军软件园"下载这两款软件,下面是软件的下载地址:

HyperSnap 8:http://www.onlinedown.net/soft/1115224.htm

视频分割专家 11.8:http://www.onlinedown.net/soft/39670.htm

文本阅读与处理

人类是离不开阅读的,正在上学的我们更是如此。纸质的书籍仍然是一种重要的选择,可是由于学习环境的限制我们很可能找不到想看的书,甚至我们还想自己写点什么。无疑,计算机与网络就是我们最好的选择。

可以肯定地说,大家都有网上阅读的经历,今天我们就想给大家推荐一本世界名著《飘》,不知道大家认识哪些文档,能够打开并阅读吗?

常见文档类型及处理

TXT、CHM、PDF、……这都是什么? 我们应该认识它们了,是时候了。

TXT:TXT 文件是微软在操作系统上附带的一种文本格式,是最常见的一种文件格式,主要用来存文字信息。很多软件都可以查看这种文件,如记事本、浏览器等等。

Windows 自带的记事本可以很好地新建、查阅、修改这类文件。

DOC、DOCX:微软在文字处理软件 Word 中使用了 DOC 作为扩展名,2007 版之后为 DOCX。微软的 DOC 格式是一种自己的专属格式,可以保存文字、格式、图片、表格等多种信息。

PPT、PPTX:Powerpoint 是微软公司设计的演示文稿软件。利用 Powerpoint 不仅可以创建演示文稿，还可以在互联网上召开面对面会议、远程会议或在网上给观众展示演示文稿。Powerpoint 做出来的东西叫演示文稿，它是一个文件，其格式后缀名为 PPT。演示文稿中的每一页就叫幻灯片。

XLS、XLSX：XLS 是 Microsoft Excel 工作表，是一种非常常用的电子表格格式。

以上三种类型需要在计算机上安装 Microsoft Office 软件或国产且免费的 WPS 文字处理软件。

PDF：PDF 是 Portable Document Format（便携文件格式）的缩写，是一种电子文件格式，与操作系统平台无关，由 Adobe 公司开发而成。PDF 文件是以 PostScript 语言图像模型为基础，无论在哪种打印机上都可保证精确的颜色和准确的打印效果，即 PDF 会忠实地再现原稿的每一个字符、颜色以及图像。

PDF 阅读器种类很多，最专业的当然是 Adobe Acrobat Reader，不过软件很大。我推荐使用福昕 pdf 阅读器（Foxit Reader 官方中文版），它是一款免费的 PDF 文档阅读器和打印器，具有令人难以置信的小巧体积、快捷的启动速度和丰富的功能。其核心技术与 PDF 标准版 1.7 完全兼容。

在没有福昕 PDF 阅读器中文版以前，为了能够打开显示 PDF 文档，您可能需要从别家公司下载一个庞大的 PDF 阅读器，等待漫长的安装过程，忍受恼人的启动画面。如果您想进一步对 PDF 文档进行批注，您还得支付至少 299 美元购买其它软件才能获得批注功能。

当然，新的国产 WPS 也可以充当 PDF 阅读器。

CHM：CHM 文件格式是微软 1998 年推出的基于 HTML 文件特性的帮助文件系统，以替代早先的 WinHelp 帮助系统，它在 Windows 98 中把 CHM 类型文件称作"已编译的 HTML 帮助文件"。被 IE 浏览器支持的 JavaScript、VBScript、ActiveX、Java Applet、Flash、常见图形文件（GIF、JPEG、PNG）、音频视频文件（MID、WAV、AVI）等等，CHM 同样支持，并可以通过 URL 与 Internet 联系在一起。

CHM 文件因为使用方便，形式多样也被采用作为电子书的格式。在 Windows 系统中可以直接打开这类文档。

压缩软件的使用——WinRAR 与好压

互联网上有很多 RAR 文件。它可以减小文件中字节总数，使文件能够通过较慢的互联网实现更快传输，此外还可以减少文件的磁盘占用空间。在下载文件后，我们可以使用 WinRar 来解压文件，将其复原到原始大小。如果一切正常，展开的文件与压缩前的原始文件将完全相同。

WinRAR 是一个强大的压缩文件管理工具。它能备份你的数据，减少你的 E-mail 附件的大小，解压缩从 Internet 上下载的 RAR、ZIP 和其他格式的压缩文件，并能创建 RAR 和 ZIP 格式的压缩文件。WinRAR 是当前最流行的压缩工具，界面友好，使用方便，在压缩率和速度方面都有很好的表现。

压缩文件

简单地说，经过压缩软件压缩的文件叫压缩文件，压缩的原理是把文件的二进制代码压缩，把相邻的 0、1 代码减少，比如有 000000，可以把它变成 6 个 0 的写法 60，来减少该文件的空间。

压缩文件的基本原理是查找文件内的重复字节，并建立一个相同字节的“词典”文件，并用一个代码表示，比如在文件里有几处有一个相同的词“中华人民共和国”用一个代码表示并写入“词典”文件，这样就可以达到缩小文件的目的。下图是 WinRAR 软件支持的压缩文件格式。

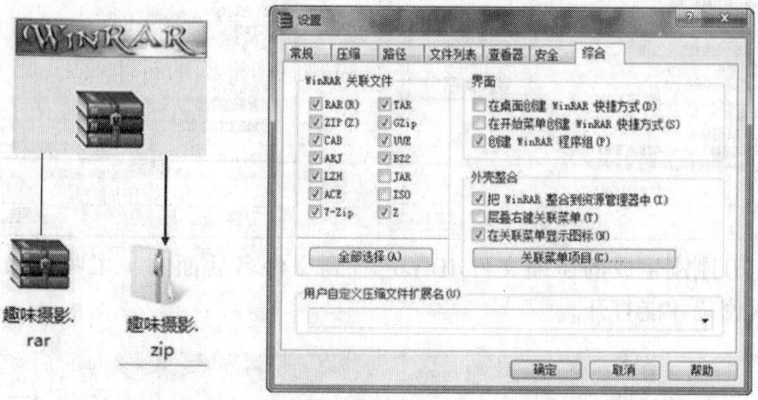

最快速的使用方法

压缩：对要压缩的文件夹或文件名右击→添加到<文件名>.rar。

解压：对要解压的压缩文件名右击→解压到当前文件夹。

设置密码

你有一个文件保存了你的账号、密码，不想被别人看见，或者就是看见了也打不开。如何做到？

第一步,对要加密的文件 ID.txt 右击,执行“添加到压缩文件(A)...”,打开“压缩文件名和参数”。

第二步,选择“高级”选项卡,单击“设置密码(P)...”。

第三步,输入密码,确定。完成。

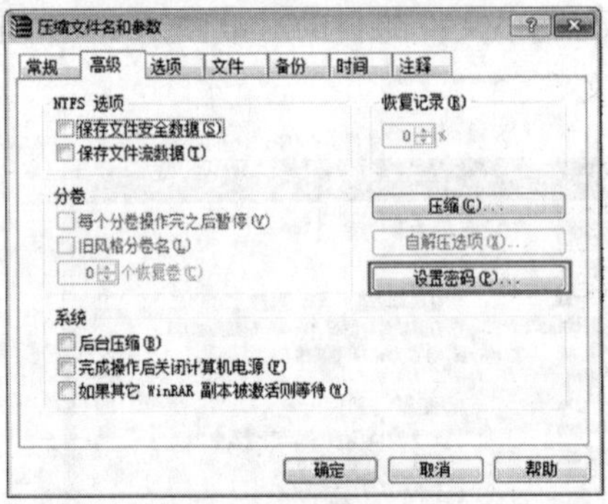

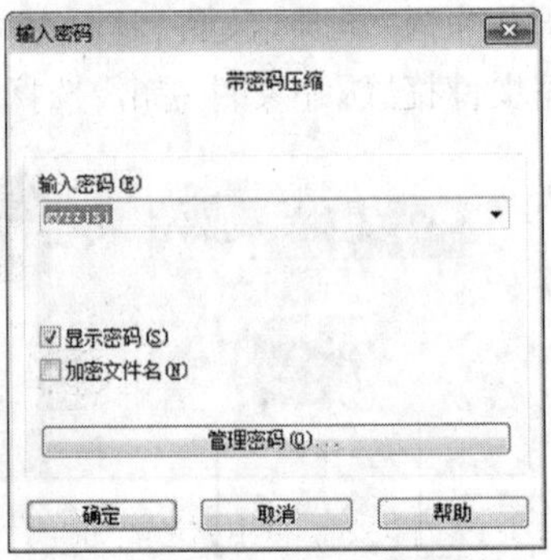

试验:打开刚刚生成的压缩文件 ID.rar,看到文件名后面的 * 了吗?双击这个文件名,只有输入密码才能打开。

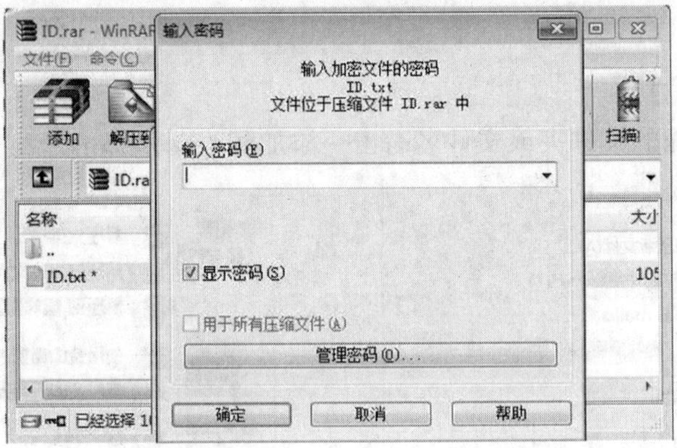

高级应用:压缩或解压到另外的位置

压缩文件到另外的位置

第一步，对要加密的文件 ID.txt 右击，执行“添加到压缩文件(A)...”，打开“压缩文件名和参数”。

第二步，在“常规”选项卡，单击“浏览(B)...”，选择压缩文件存放的位置。

第三步，确定。

解压文件到另外的位置

第一步，对已压缩文件右击，选择“解压文件(A)...”。

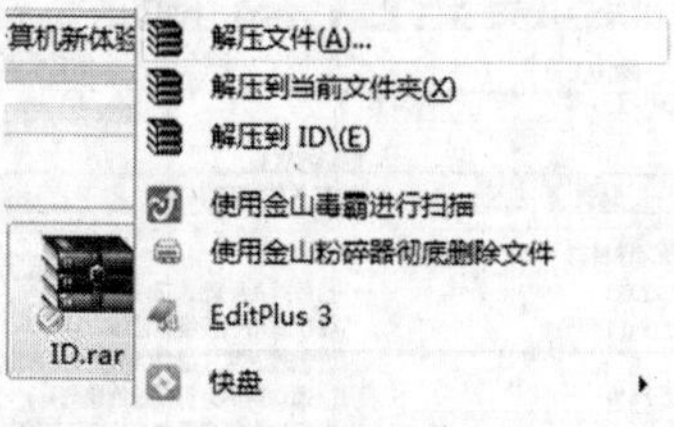

第二步，选择要解压的位置，确定。等待解压完成。

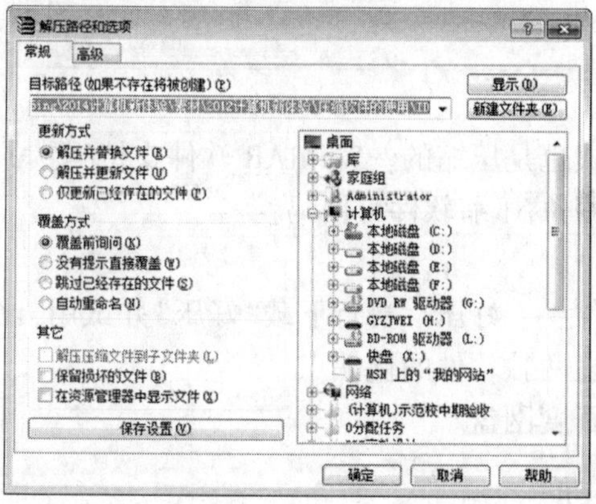

压缩成 zip 格式

Rar 格式压缩率更高，即生成的压缩文件更小，但 zip 格式更通用。

第一步，对要加密的文件 ID.txt 右击，执行“添加到压缩文件(A)...”，打开“压缩文件名和参数”。

第二步，在“常规”选项卡，选择压缩文件格式为“ZIP”。

第三步，确定。

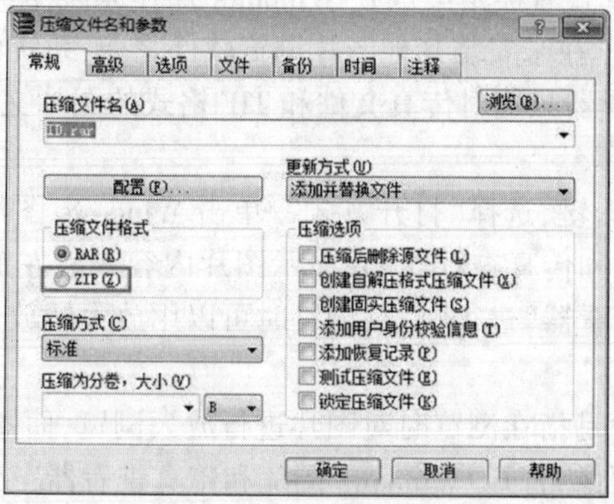

分卷压缩

第一步,对要加密的文件 ID.txt 右击,执行“添加到压缩文件(A)...”,打开“压缩文件名和参数”。

第二步,在“常规”选项卡,输入分卷的大小。

第三步,确定。

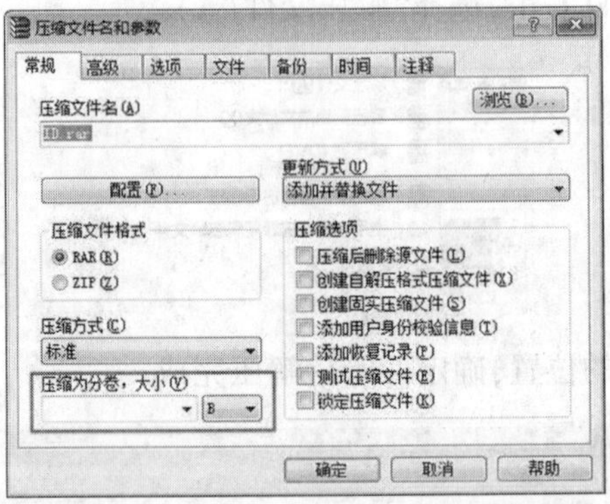

思考

你了解哪些文件格式也是压缩的？WinRAR 软件支持吗？

除了 WinRAR,还有别的压缩软件可用吗？

动手做

请大家支持国产软件——好压。自行下载“好压”并试用,比较两款软件各有哪些优点？你喜欢哪一种？简述两款软件的优缺点。

将图片压缩上传到百度网盘。

图片的查看和简单处理

如果没有图片,计算机将会是什么？如果没有图,网络将是什么样子？完全无法想象。我们看到过很多图,自己的照片、动态图片、搞笑图片、美景等等不一而足。我们简直就处在图的世界。计算机中的图片从哪里来？如何看图？有哪些常见的格式？如何制作新的图片？在这里我们将一一找到答案。

Windows 图片和传真查看器

Windows 图片和传真查看器是集成在 Windows 操作系统中的一个看图软件,它是我们常用的图片浏览工具。在未安装其他图片浏览软件之前,系统将默认用它来浏览图片。Windows 图片和传真查看器只能对传真文件和 TIF 格式的图片文件添加批注。

查看器浏览图片

在图片上单击鼠标右键,选择“打开方式”/单击 Windows 图片和传真查看器,系统将自动打开“Windows 图片和传真查看器”并显示图片内容。或左键双击该图像,即可打开“Windows 图片和传真查看器”进行浏览,浏览时可以用放大镜放大或缩小图片,也可以旋转图片。

放大图片:放大图片是指在浏览时对图片进行放大浏览,而图片文件本身不变。其操作如下:双击要浏览的图像,打开“Windows 图片和传真查看器” / 单击“放大镜”按钮,图片被放大,窗口右侧和下侧出现滚动条。(此时将鼠标指针移向图像浏览区中将变为“带+号”形状的放大镜)/ 在图像浏览区中单击鼠标,图片继续放大,按“Esc”键退出放大状态。

技巧:多次单击“带 * 号的放大镜”按钮将逐渐缩小图片,直到恢复原始大小。打开图片后,将鼠标指针直接置于图片浏览区,前后滚动鼠标滚轮也可快速放大或缩小图片。

旋转图片:拍照时若将数码相机竖着拍摄高、远的景致,拍出来的照片的方向不便于浏览,这时可以将其旋转。

双击要旋转的图像,打开“Windows 图片和传真查看器”/ 单击“顺时针旋转”按钮或“逆时针旋转”按钮,将图片恢复为正常显示状态。

作为幻灯片查看

双击图片文件,系统会自动使用 Windows 图片和传真查看器浏览。我们还可以单击“上一幅/下一幅”按钮来切换图片,单击左边的“作为幻灯片查看”按钮(也可以使用快捷键 F11)即可按幻灯片方式显示图片。在幻灯片放映时,屏幕右上角会出现一个工具栏,提供开始、暂停、向前、向后或停止幻灯片放映的操作。你也可以使用左右箭头键向后或向前移动图片,或单击照片向前放映。

修复

如果你的 Windows 图片和传真查看器出现了问题,如消失不见、不是图片默认的打开软件等,那么可以用以下方法进行修复:

先运行 regsvr32 /u shimgvw.dll,再运行 regsvr32 /i shimgvw.dll,这时 Windows 图片和传真查看器就重新出现了。

如果单纯是图片默认不用它打开,还可以直接选一个文件,右键后打开方式选择 Windows 图片和传真查看器,并勾选“总是以这种方式打开”复选框,以后该种后缀的文件都会用 Windows 图片和传真查看器打开了。

小技巧:Windows7 无法打开 GIF 动画图片怎么办

XP 时代,我们可以用系统内置的照片查看器来打开 GIF 动画图片,但是用 Windows 7 系统内置的图片查看器浏览 GIF 动态格式图片时,却发现系统不支持 GIF 动画图片,显示的只是静态的图片。

Windows 7 用户只需安装 ImageViewer for Windows7 插件之后,Windows 7 照片查看器就和 Windows XP 时代系统内置的照片查看器一样可以直接浏览 GIF 动态格式的图片了。

ImageViewer for Windows7 安装方法:

ImageViewer for Windows7 只是一款非常细小的系统插件,安装过程也非常简单,通过点击下一步(Next)即可完成。安装完毕后就会生成一个 500K 不到的文件夹,里面只有一个.dll 文件和一个应用程序文件。

进行程序关联。一般情况下,ImageViewer for Windows7 安装完毕后会自动进行关联,如果发现没有关联成功,那么就手动在 GIF 动态图片上单击右键,点击打开方式,选择默认程序,然后如下图选上“照片库查看器” 而不是 Windows 照片查看器,最后选择照片库查看器并勾选左下方的“始终使用选择的程序打开这种文件”。点击确定后就能正确地打开 GIF 动态图片文件了。

ACDSee 软件

ACDSee 是一款目前比较流行的图像浏览和图像处理软件,具有界面美观、操作简便的特点,特别适合非计算机应用专业的人士使用。

ACDSee 软件可识别多种媒体格式,能对图片及其他媒体文件进行获取、管理、浏览和优化。可以快速高质量浏览图片,图片的自动播放功能配上内置的音频播放器,使浏览图片成为一种享受。

ACDSee 图片的编辑功能拥有去红眼、裁剪图片、曝光调整、旋转、添加文本等功能。

使用 ACDSee 可以批量转换文件格式、调整图片大小等,还可以快速创建幻灯片放映文件、HTML 电子相册、视频或 VCD 等。

ACDSee 的窗口结构

菜单栏:和大多数软件一样,菜单栏中放置了程序的大部分命令,可以通过不同的菜单操作来执行各种命令。

工具栏:将最为常用菜单命令以按钮的形式放在其中便于命令的执行。

ACDSee 浏览器

文件列表窗格:这个窗格总是可见的,用来显示当前文件夹的内容、最新的搜索结果,或者是数据库中与过滤准则匹配的文件等。

其他窗格:浏览器由 12 个窗格(包括文件夹、日历、图像框、任务窗格等)组成,大多数窗格不用时可以关闭。

状态栏:位于浏览器窗口的底部,显示当前所选文件、文件夹或类别的有关信息。

ACDSee 查看器

双击"文件列表"中的文件,即可打开"ACDSee 查看器"播放媒体文件,并使用完整的分辨率一次显示一张图片,使用"ACDSee 查看器"可以快速翻阅某个文件夹中的全部图像,查看图像属性,按不同的缩放比例显示图像区域,或查看详细的颜色信息。

(1)使用 ACDSee 浏览图片。图片的浏览是 ACDSee 的重要功能之一。在"ACDSee 浏览器"中,"文件列表"窗格会根据用户不同的选择准则显示相匹配的文件。单击其中的一个图片可在"预览"窗格中预览该图,双击此图片将打开"ACDSee 查看器"窗口查看大图效果。

(2)使用 ACDSee 截取图像。使用 ACDSee 可以捕捉到屏幕上的窗口和所选区域的快照。

操作方法:

①执行工具菜单中的"屏幕截图"命令,在弹出的对话框中设置相关选项并确定。

②按下快捷键(默认快捷键为 Ctrl +Shift + P)后即可按设定要求截取屏幕图像,在弹出的对话框中设置图像保存的位置及名称单击"保存"。

(3)使用 ACDSee 制作屏保。使用 ACDSee 可以将自己喜欢的照片制作成一个独一无二的屏保。

操作步骤:

①显示图像框窗格:选择视图菜单中的图像框命令即可。

②在文件列表中选择自己喜爱的多张照片,执行编辑菜单中的添加到图像框命令将选中的图片添加到图像框(也可按组合键 Ctrl + B 完成添加操作)。

③选中图像框中的全部图片,执行创建菜单中"创建幻灯片放映文件"命令,根据向导提示进行所需设置即可。

(4)使用 ACDSee 创建 HTML 相册。使用 ACDSee 可以轻松地将数码照片制作成可发布到 Web 上的 HTML 相册。

操作步骤:

①在文件列表中选择作为 HTML 相册的多张照片,执行创建菜单中的创建 HTML 相册命令。

②在弹出的向导对话框中根据提示对相关选项进行设置直至完成。

屏幕截图工具——HyperSnap

我们的课本中,特别是我们的计算机课本中有大量的插图是用计算机制作的,有很多就是 Windows 窗口、软件界面。这些都是由屏幕截图工具抓图并进行处理的。HyperSnap 是非常杰出的一款屏幕截图软件,我相信,你用了一次就再也忘不了。一个实用的屏幕截图工具将会是图片整理时一个非常得力的助手。

HyperSnap 软件的特点

Hyper Snap-DX 是由美国 Hyperionics Technology LLC 开发的,是 Windows 下功能强

大、使用最广泛的屏幕截图工具,可以截取电脑屏幕上任何图片、影像、游戏、文本,对截取的图片可以编辑、可以修改图片的效果等等。

HyperSnap 可以通过菜单或热键进行图像及文字的捕捉,它还提供了多种捕捉方式,并且 HyperSnap 在进行图像捕捉的时候还提供了详细的操作提示。

Hyper Snap-DX 可以捕捉整个桌面或者是某个窗口甚至是用户指定的某个区域的图像,用户可以将捕捉下来的文件插入到文档之中,制作出图文并茂的文档。也可对图像做马赛克、浮雕等特效处理,并以多种图像格式保存。

- 多种操作系统平台下图像截取功能。
- 多达 11 种图像截取模式。
- DirectX 游戏屏幕图像的捕获。
- 对图像的多种处理功能。
- 支持对 TWAIN 设备的图像获取。
- 支持文本截取。

软件界面

Hyper Snap-DX 界面由菜单栏、主工具栏、工具栏、图像显示区组成。

菜单栏:由文件、编辑、显示、捕捉、图像、颜色、选项、工具、窗口、帮助组成。

主工具栏:在主工具栏上,系统提供了新建、打开、从 TWAIN 设备获取图像、保存、页面设置、打印、粘贴、捕捉设置、热键激活、语音激活、窗口捕捉、选定区域捕捉、图像向右旋转 90 度,图像向左旋转 90 度、图像剪裁、图像缩放、帮助、显示比例按钮。

工具栏:当系统捕捉到照片后,工具栏被激活,该工具栏提供了对图像编辑的命令按钮。

Hyper Snap-DX 应用

在 HyperSnap 屏幕截图工具中有全屏、区域、窗口、按钮、滚动页面等十几种截取方式,完全可以根据对截取图片的要求选择屏幕截图的方式,并支持键盘热键操作。

截取屏幕

全屏幕:获取整个桌面的一个快照。

虚拟桌面:捕捉多显示器系统中的整个虚拟桌面。

截取窗口

(1)“窗口或控件”截取;

(2)“活动窗口”截取;

(3)“不带边框的活动窗口”截取。

截取指定区域

(1)“区域”截取;

(2)“徒手捕捉”;

(3)“多区域捕捉”。

编辑及保存截取图像

(1)图像的编辑:①对图像颜色方面的调整;②对图像的剪裁和缩放及特效的处理;③文字的添加。

(2)保存截取图像。

(3)热键:截取全屏幕可以点击捕捉工具栏中“全屏”按钮或者是热键“Ctrl+Shift+F”。

热键可以自定义配置,在“捕捉”菜单的最后一个按钮“热键”中更改设置。如下图:

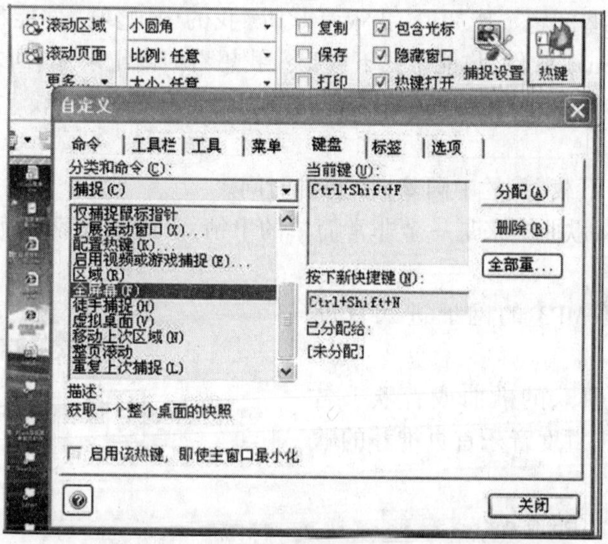

对视频及 DirectX 游戏图像的截取

在 HyperSnap 屏幕截图工具中,对视频的捕捉功能相当强大,提供专业级的影像效果,可让你轻松地抓取屏幕画面。不但可以截取游戏、Video 影像甚至 DVD 等使用 DirectX 的画面,甚至连 Direct3D 或 3Dfx Glide 模式的图像都完全可以实现。可根据自定义设置视频捕捉热键,如“Ctrl+Shift+D”。

除了以上功能,HyperSnap 还可以对图片进行简单编辑、添加文字、比例缩放、类型修改等,非常方便。

下载工具的熟练使用

下载所需的资源

我经常接到一些求助，在网络上找到了有用的资源却不能下载或者下载错了。大家是不是也遇到过这些问题。比如说，我很喜欢听《我的中国梦》，你能帮我下载吗？我需要新版本的 HyperSnap 软件，你能帮我下载吗？我想看河南纪录片《河之南》，有谁可以帮我下载呢？如果你做不到，就要想一想究竟是哪里出了问题。

音乐下载

请同学们自行下载《我的中国梦》，5 分钟时间。

操作步骤：下载歌曲本来是一个非常简单的事情，下面教大家如何从百度 MP3 下载自己喜欢的歌曲！

(1) 打开百度 MP3 的网址进入百度 MP3 的首页。

(2) 搜索自己喜欢的歌曲或者歌手名字，也可以直接点击百度音乐首页推荐的歌曲榜单。

(3)点击搜索的歌曲后面的下载箭头，进入下载详细页面。

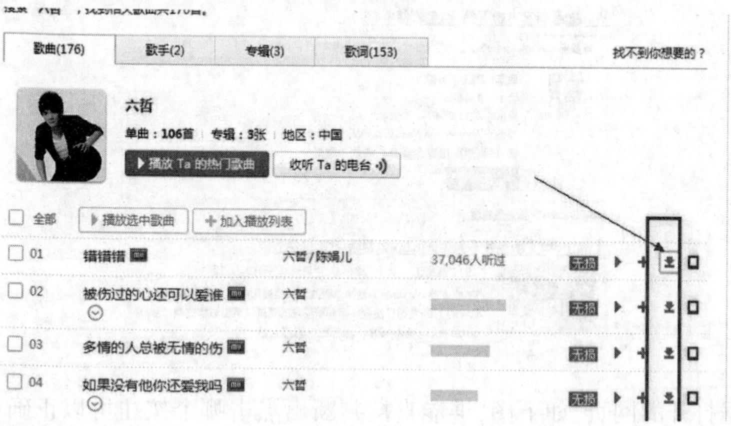

(4)点击下载。

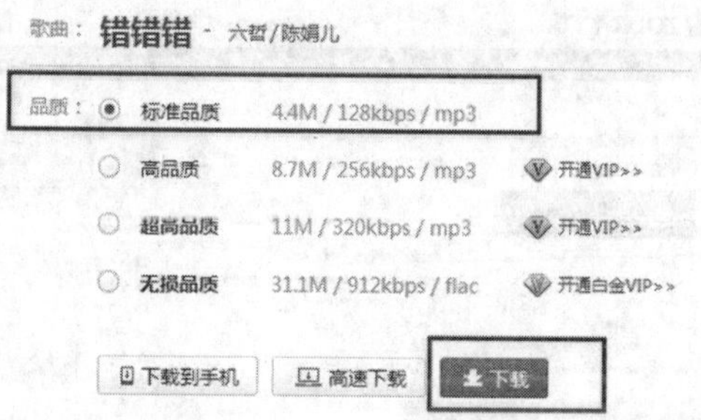

(5)选择需要保存的位置，点击下载，这一步根据提示自己要理性选择，因为不同的浏览器可能显示的保存样式对话框不太一样。

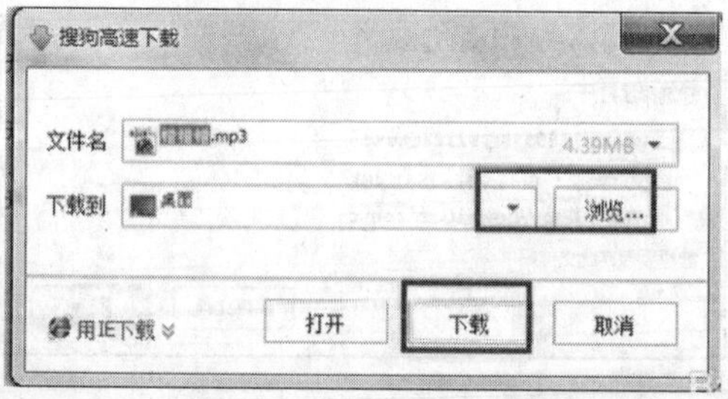

(6)这样一首歌曲就下载到电脑了，如果你选择保存位置是你的移动设备，比如MP3、手机等，在上面第(5)步的时候可以直接选择MP3的位置，也可以下载到桌面，再复制到你的手机或者MP3上。

思考：如何一次下载多首歌？

软件下载

以下载WinZip压缩软件为例。

(1)进入百度首页，输入WinZip，点击百度一下，根据自己的使用经验判断一下，点击你信任的网址，比如第二条链接。

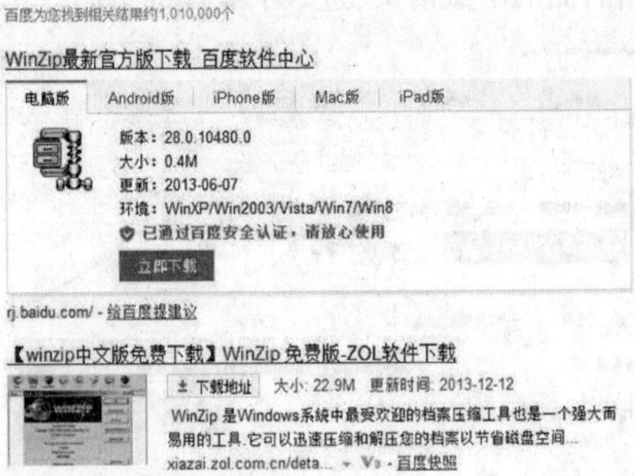

(2)根据打开的网页，如下图，谁能直接判断出点击哪个按钮可以正确下载？哪个不行？注意仔细观察。

(3)点击“ZOL 本地下载”下载软件。

(4)点击“保存文件”，选择保存位置。

练习：下载 HyperSnap 软件。

注意：千万不要看不起这种训练。现在有太多的人眼高手低，觉得自己什么都会，但什么都做不成。本来是很简单的事情，不要总是做不成。

视频下载或观看

在网上看视频是一项非常简单的活动，几乎人人都会。所以在这里我只重点向大家推荐一下“优酷”。

我们进入“优酷网”，http://www.youku.com/

我非常反对“过分娱乐”，特别是青少年，我们不能把大量时间投入到电视剧当中。现在我们进入“教育”分类。看能不能找到自己喜欢的内容。如果喜欢历史，我们找一找“腾飞五千年”。近来都在说“国学”，我们是不是也了解一下孔子？……给大家一些时间，希望每个人都找到自己喜欢的内容。

下载利器——迅雷

有时我在想，互联网就是一个世界上最大的杂货铺，况且还有那么多东西是免费的，只要我们喜欢就可以拿回来，还想用最快的速度，但“拿”，是需要技术和工具的。我们对速度的追求是无极限的，总想使网络速度更快，特别是在下载一个大文件的时候。那我们就来试试迅雷吧。当然，不用安装任何其它软件，在浏览网页时就可以直接下载，只是这种方法的问题有两个：一是如果下载过程意外中断，必须重新从头开始；二是下载速度不能令人满意。下载工具除了迅雷外，常用的还有 QQ 旋风、快车、电驴等，只要感觉顺手，想用哪个就完全是个人喜好了。

认识迅雷

“迅雷软件”于 2002 年底由邹胜龙先生及程浩先生始创于美国硅谷。于 2005 年正式称为深圳市迅雷网络技术有限公司(迅雷)。迅雷立足于为全球互联网用户提供最好的多媒体下载服务。经过艰苦创业，最终赢得了广大用户的好评。目前迅雷已经成为中国互联网最流行的应用服务软件之一。它的特点如支持同时下载多个文件，支持 BT、电驴文件下载。最大的亮点是迅雷能够将存在于第三方服务器和计算机上的文件进行有效整合，用户能够以更快的速度获取所需的文件。这种技术还具有互联网下载负载均衡功能，有效降低了服务器负载。

软件安装

使用百度搜索“迅雷”，点击第一条搜索结果就可以下载迅雷软件。

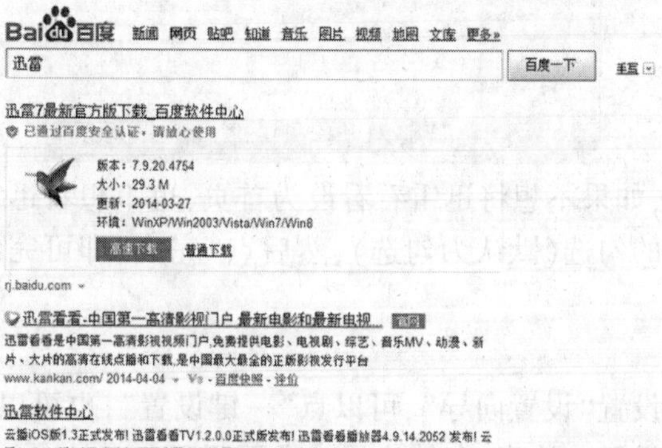

软件下载到本地后,双击打开软件安装包,出现安装向导后即可开始安装,首先是迅雷安装协议书与用户须知,点击“接受”进入下一步操作:

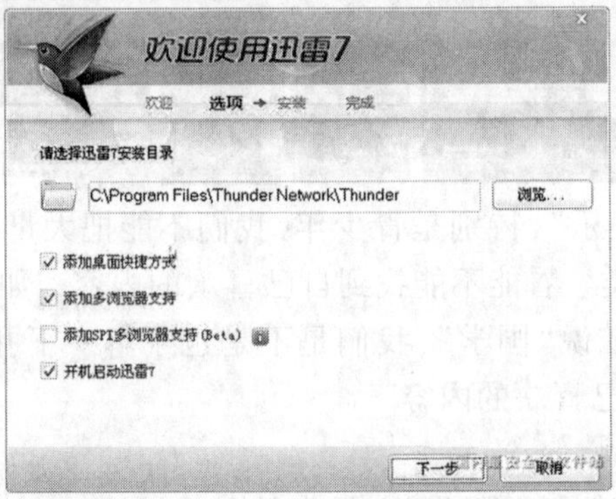

此图为迅雷 7 的安装目录,用户可以点“浏览”将迅雷 7 装入想要安装的目录便于查找和管理。下面为默认勾选项,用户可选择性的勾选,一般为默认勾选。之后点“下一步”继续安装:

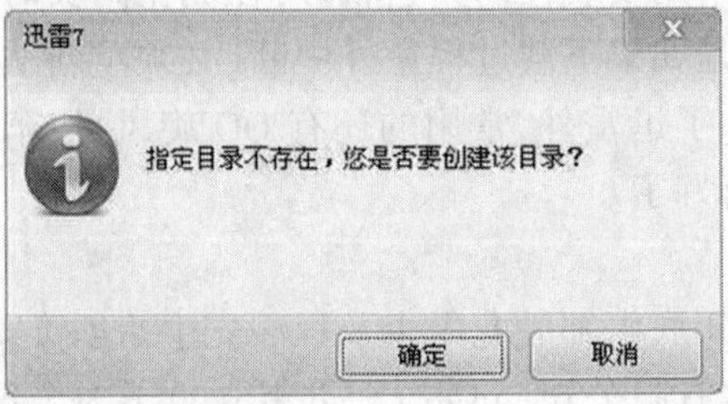

这时弹出的图片为上一步选择安装的目录不存在,点“确定”即可,下一步继续安装,这时耐心等候几秒,迅雷 7 正在安装。

迅雷 7 安装完成,如果不想将迅雷看看设为首页,也不想看迅雷 7 新版本的特性,那么请去掉此两项前面的勾选(默认为勾选),然后点“完成”即可完成软件安装,并运行迅雷 7。

软件界面

软件运行后请先设置“设置向导”,可以点“一键设置”,也可以点“下一步”按照自己喜欢的方式一步一步设置。注意:存储目录一定不要用 C 盘。

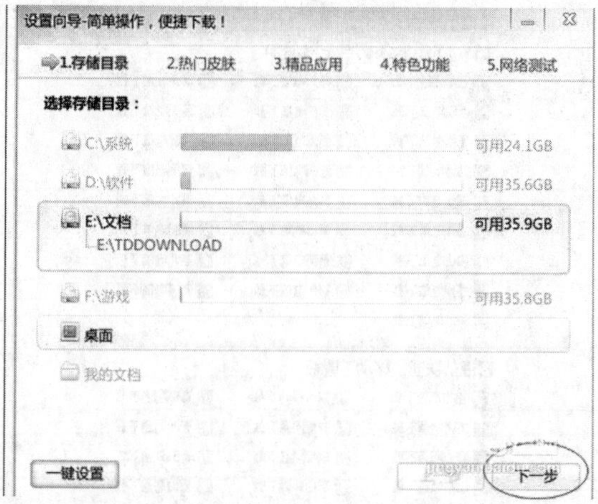

设置好后，软件运行界面如下：

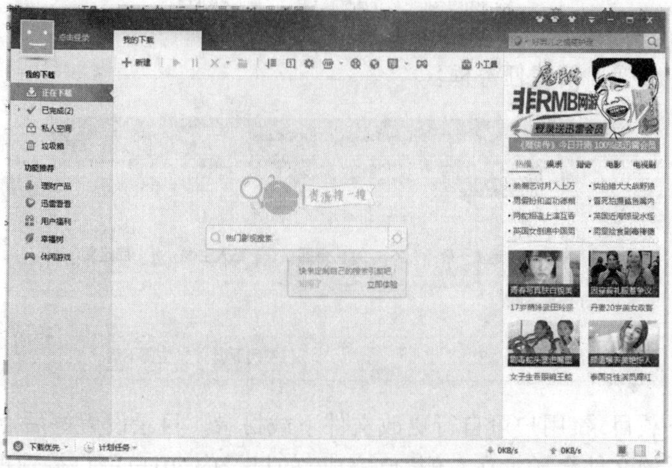

第一次下载

下面以在多特软件站下一个迅雷 7 软件为例：

1.右键下载

首先打开多特网的迅雷 7 下载页面，在下载地址栏右键点击任一下载点，在弹出的右键菜单中选择“使用迅雷下载”：

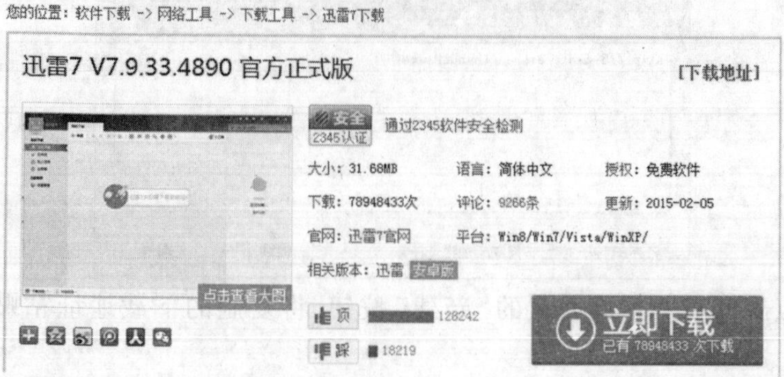

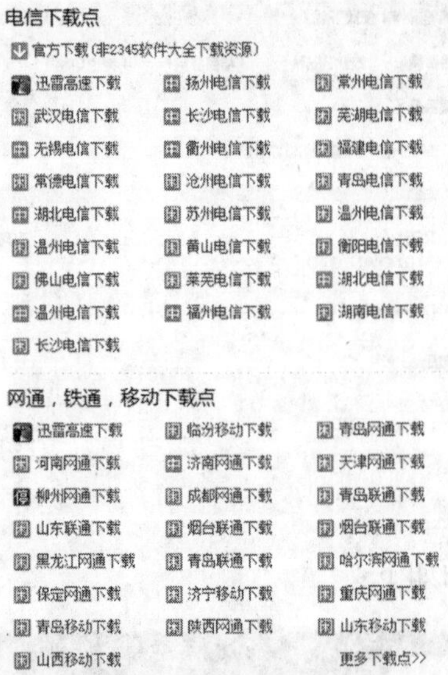

这时迅雷 7 会弹出新建任务框：

此为默认下载目录,用户可自行更改文件下载目录。目录设置好后点“立即下载”：

下载完成后的文件会显示在左侧“已完成”的目录内,用户可自行管理。

到此步骤为止,一个软件就这样下载好了！

2.直接下载

如果你知道一个文件的绝对下载地址,如 http://3.duote.com.cn/thunder.exe ,那么你可以先复制此下载地址,复制之后迅雷 7 会自动感应出来弹出新建任务下载框：

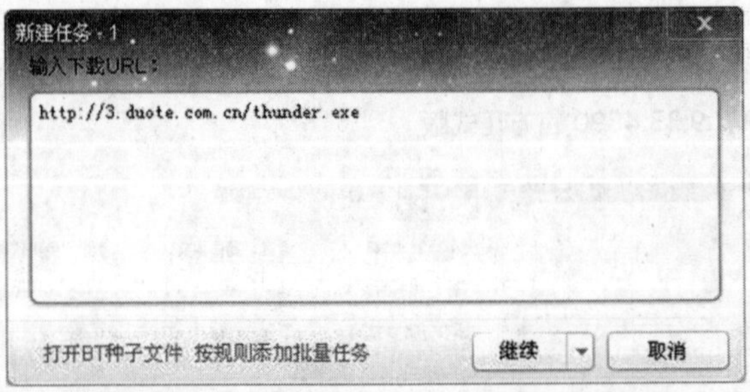

也可以点击迅雷 7 主界面上的“新建”按钮,将复制的下载地址粘贴在新建任务栏上：

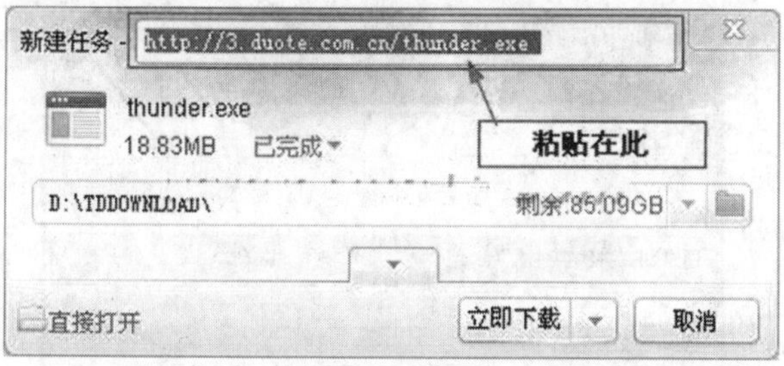

然后点“立即下载”,下载完成后会显示在左侧“已完成”目录下!

最后用户可以自行进行安装或删除管理。

3.批量下载

迅雷7是一款新型的基于多资源超线程技术的下载软件,作为“宽带时期的下载工具”,迅雷针对宽带用户做了特别的优化,能够充分利用宽带上网的特点,带给用户高速下载的全新体验!同时,迅雷推出了“智能下载”的全新理念,通过丰富的智能提示和帮助,让用户真正享受到下载的乐趣。

方法一:下载地址批量下载

如果你的文本文档里面记录了很多下载地址,一个一个的添加到迅雷里面下载太烦琐,效率低、速度慢,现在装了迅雷最新版,其实只要简单几步操作就可帮你解决多文件同时添加到迅雷下载的问题。

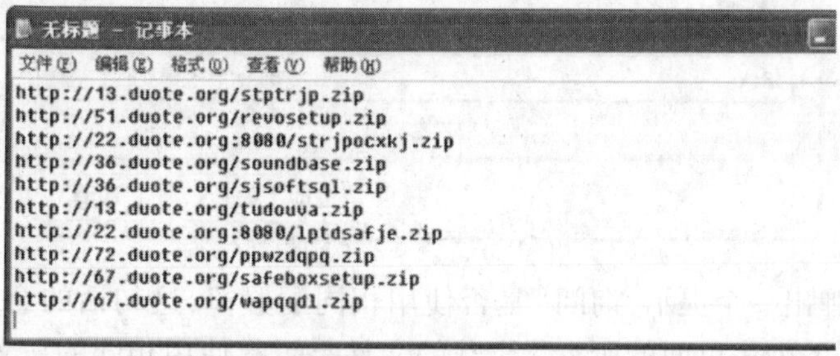

第一步,确定迅雷是开着的,然后在文本文档里面按下“Ctrl+A”全选;

第二步,分别按下“Ctrl+C”复制和“Ctrl+V”粘贴,这时迅雷已经自动把文本里面的所有文件下载地址批量添加到“新建任务”列表里面:

第三步,点上图的“继续”,再点下图的“确定”:

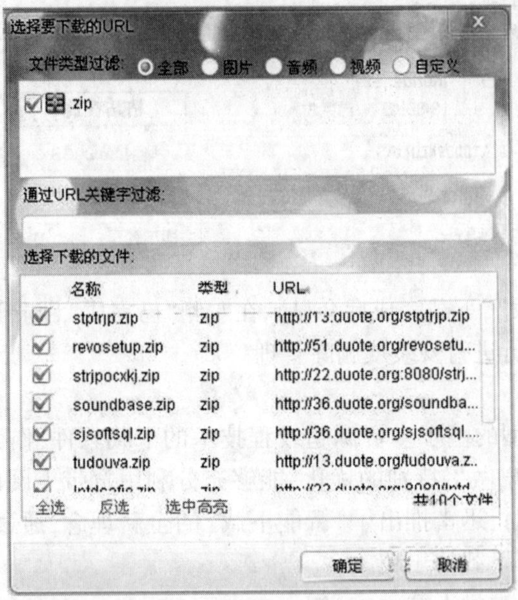

第四步，指定文件的下载目录，再点“立即下载”：

注意：这时弹出一个提示，询问“是否使用相同配置?”，这句话的意思是指第一步批量添加到下载任务列表里面的所有需下载的文件是否都使用相同的设置，如果是直接点确定；如果某些文件需下载到另外的目录里面，逐个进行如第四步的设定就好了！

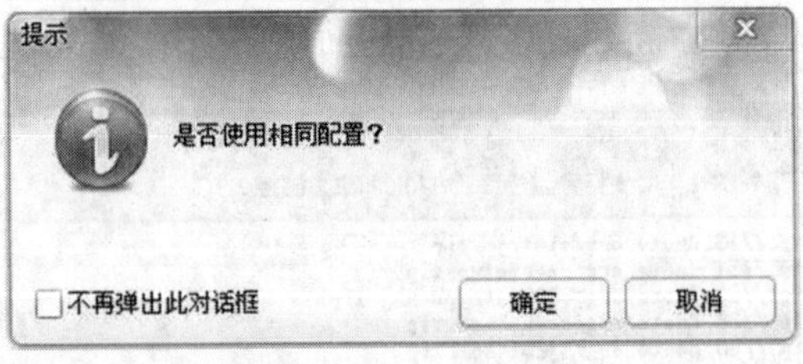

最后一步等着所有的软件下完就可以了！

方法二：新建批量任务批量下载

打开迅雷点击“新建任务”，再点“批量任务”，迅雷给了帮助信息，照着帮助信息里的示例设置好，再指定下载目录就可以了，然后就安心等着迅雷慢慢地下载完吧！

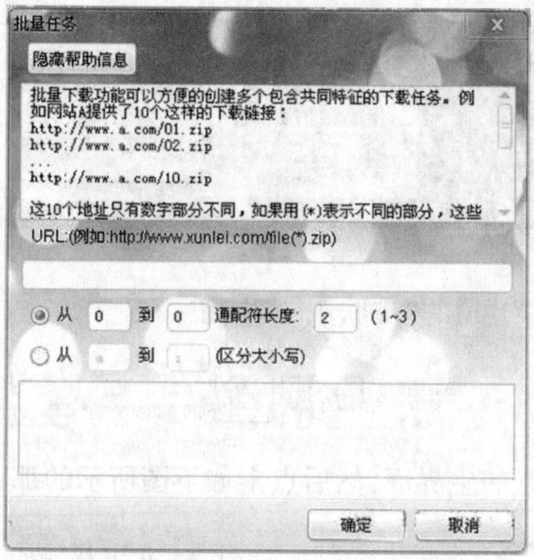

3.离线下载

离线下载其实就是迅雷帮你把文件下载到迅雷的服务器中，当离线下载在迅雷的服务器上显示下载完了之后，你只需要再把资源下载到本地就可以了。不需挂机下载，也不需占用大量时间和带宽。使用迅雷离线下载功能有个最大的好处就是不管是不是互联网的稀有资源，尤其是比较大的文件，离线下载都能在很短的时间内帮你把任务下载完成。

提醒一点，离线下载功能虽好，目前迅雷只支持付费即 VIP 用户使用，对于有需要的用户来说可能需要花钱去购买迅雷的 VIP 了。

其它常用功能

1.添加计划任务

点击迅雷 7 主界面左下角的“计划任务”按钮：

在弹出的计划任务框里面自行设定任务全部开始的时间，下栏有你需求的各个选择项，设置好后点“确定计划”即可：

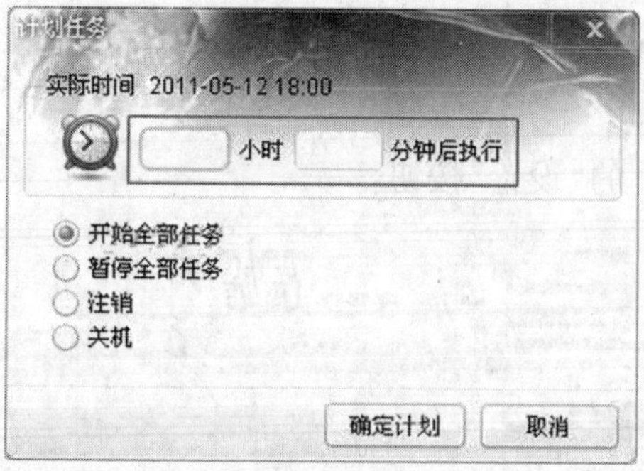

或者你可直接在迅雷 7 左下角“计划任务”项中进行“下载完成后关机或退出迅雷”等简单设定：

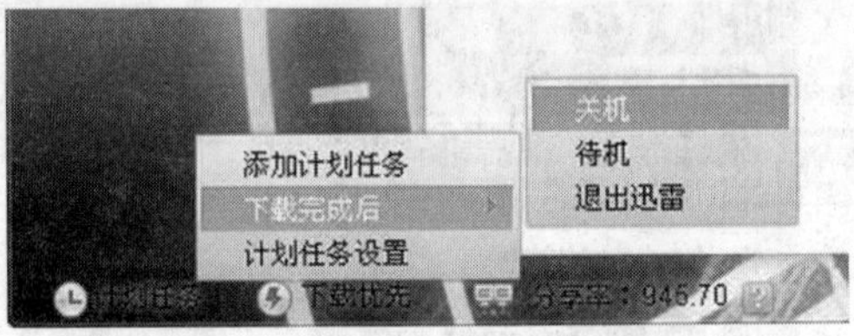

2.自动换肤

单击迅雷 7 主界面右上角的“皮肤主题”按钮：

弹出“皮肤主题”设置的主界面,然后点击如下图所示的那个小扳手：

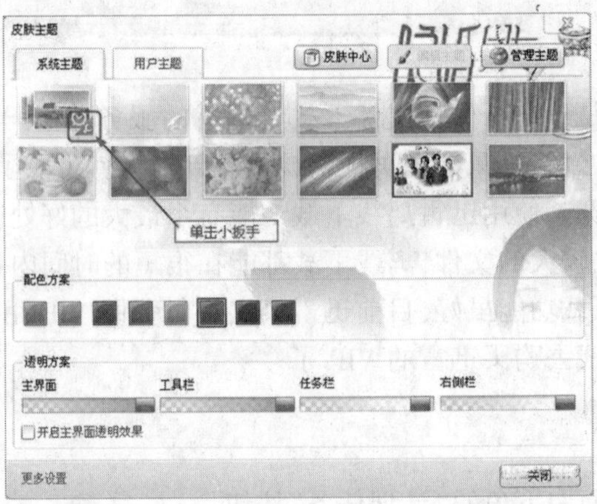

出现一个智能换肤时间设置的界面：

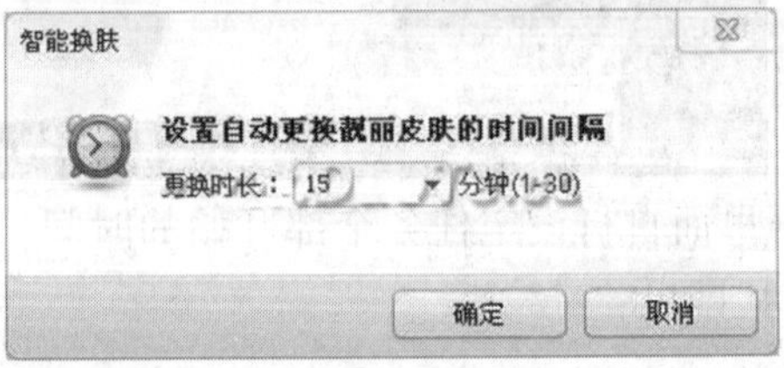

设定好时间后点“确定”即可！

3.软件设置

单击迅雷 7 主界面上的“设置”按钮：

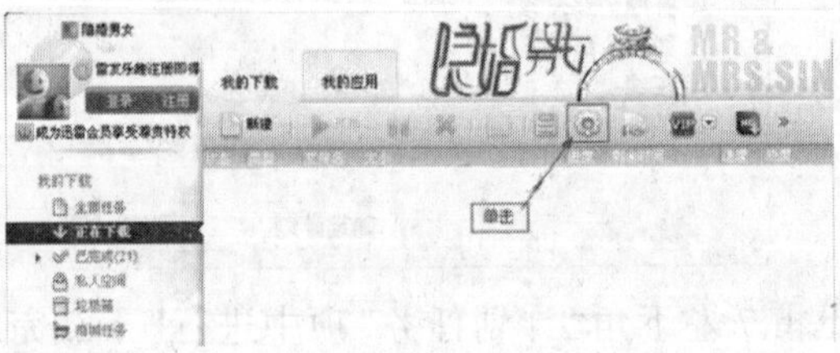

弹出“配置面板”：

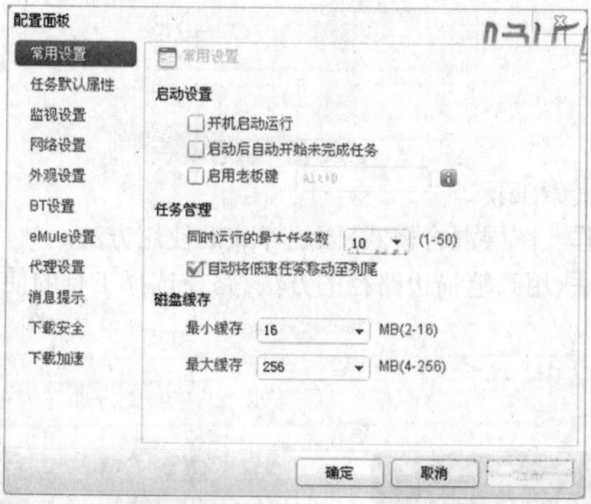

这时自己可以根据个人的使用习惯，在设置里面进行更改即可。

例如，由于网络带宽不够好，可以在“网络设置”里面自行设定迅雷的下载与上传速度；或者直接选择“智能上网模式”或“下载优先模式”即可！如下图所示：

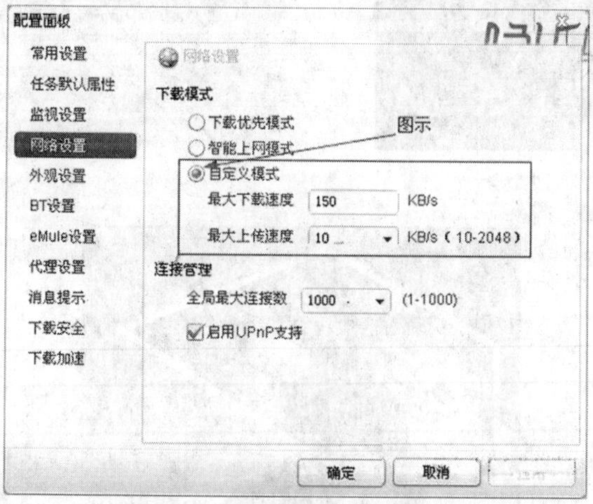

13　PS 技能

技能训练目标

灵活使用多边形套索工具。

掌握图层相关操作及图层混合模式、图层样式的使用方法。

掌握画笔设置方法、用画笔描边路径的方法、路径选择工具的使用方法。

蜘蛛侠来了

素材准备

完成效果

操作步骤

步骤 1:制作相片白边

(1)打开"素材 1.jpg"。

(2)复制图层。选择"多边形套索工具"绘制一个梯形选区,按 Ctrl+J 键复制选区内图层,图层调板自动生成"图层 1"。

(3)制作相片白边。按住 Shift 键,单击"图层 1"层左侧的缩览图,载入"图层 1"层选区,选择菜单"编辑"下的"描边",设置宽度为 10px,颜色为#FFFFFF,位置为内部,单击"确定"。

(4)制作第二张相片白边。按 Ctrl+D 键取消选择,选择"背景"层,参考步骤 1 中的(2)、(3)绘制第二张相片白边。

步骤 2:绘制伸出相片外的手

(1)勾选手选区。按 Ctrl+D 键取消选择。选择"背景"层,选择"多边形套索工具",勾选出蜘蛛侠右手在两张相片之间的部分。

(2)复制图层并调整图层顺序。按 Ctrl+J 键肤质选区内图层,图层调板自动生成"图层 3",选择该层,按 Ctrl+Shift+]键将"图层 3"层调整到图层调板顶端。

步骤 3:添加背景

(1)打开素材。选择"背景"层,打开素材 2.JPG。

(2)添加背景。选择"移动工具",按住鼠标左键将"素材 2.JPG"中的图像拖拽到"素材 1.JPG"中,并调整位置。

步骤 4:保存文件

选择 "文件"菜单下"存储"(Ctrl+S),文件保存 PSD 格式。

晶莹的露珠

素材准备

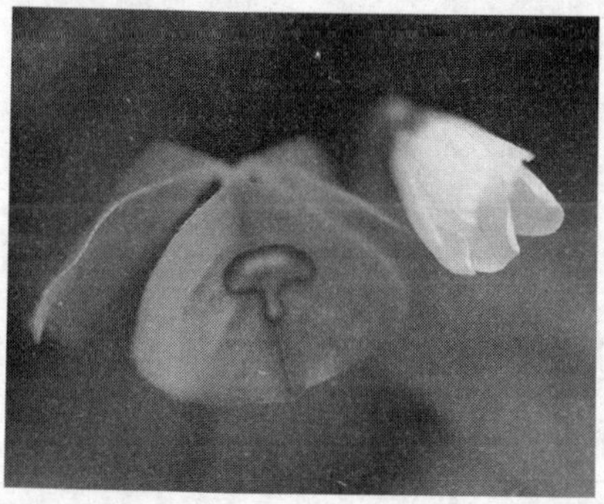

完成效果

操作步骤

步骤 1:制作放大部分

(1)打开素材 1.jpg

(2)选择"多边形套索工具",绘制露珠形状选区。选择菜单"选择"-"修改"-"平滑",设置取样半径为 5 像素。

单击"确定"按钮,按 Ctrl+J 复制图层选区内容,"图层"调板自动生成"图层 1",将名称修改为"放大部分",选择该层。

(3)等比例放大。按 Ctrl+T 键,进入自由变换状态,按住 Alt+Shift 键拖拽右上方的控制点,以参考点为圆心等比例放大 125%倍,按 Enter 键确定。

步骤 2:制作露珠

(1)绘制"露珠"选区。按 Ctrl+Shift+N 新建图层,名称修改为"露水",按住 Ctrl 键单击"放大部分"层左侧图层缩览图,载入"放大部分"层选区。

(2)填充并制作样式。设置前景色为#000000,背景色为#FFFFFF,选择"渐变工具",设置工具选择栏:"前景到背景","线性渐变"。从选区上部向下拖拽,设置"露水"层图层混合模式为叠加,填充为60%。

单击图层调板底部的"添加图层样式"按钮,选择"投影",设置角度为90度,距离为3像素,大小为10像素。

选择"内阴影",设置距离为3像素,大小为10像素。

(3)羽化边缘。单击"确定"按钮,应用图层样式,按Ctrl+Alt+D键羽化,设置羽化半径为5像素,单击"确定"按钮,按Ctrl+Shift+I键反向,按Delete键删除选区内容,按Ctrl+D键取消选择。

步骤3:制作高光

(1)绘制高光。新建图层,名称修改为"高光",选择"多边形套索工具",绘制高光形状选区,选择"选择"菜单"修改"下的"平滑"命令,设置取样半径为10像素,单击"确定"。

(2)羽化高光。按Ctrl+Alt+D键羽化,设置羽化半径为5像素,单击"确定"。

(3)填充选区。按Ctrl+Delete键用背景色填充,按Ctrl+D键取消选择。

(4)调整高光层不透明度。设置"高光"层不透明度为60%,选择"移动工具",适当调整"高光"位置。

步骤4:保存文件

选择"文件"菜单下"存储"(Ctrl+S),文件保存PSD格式。

图章效果

完成效果

操作步骤

步骤1:制作图章边缘

(1)新建文件。选择文件菜单下的新建,设置文档宽度、高度为300像素×300像素,分辨率为72像素/英寸,颜色模式为RGB,背景内容为白色。

(2)绘制圆形路径。选择"椭圆工具",选择工具选项栏的"路径选项",按住Shift键在图像中央绘制圆形路径,打开"路径"调板,选择"工作路径",将名称修改为"图章边缘",按Ctrl+S键,保存文件名为"图章效果.psd"。

(3)新建图层。设置前景色为#036C00,按Ctrl+Shift+N键新建图层,将名称修改为"图章边缘"。

(4)新建画笔预设。选择“画笔工具”,在工具选项栏中单击“画笔预设”弹出菜单,单击“画笔预设”选取器右上角按钮,在弹出菜单中选择“新建画笔预设”,修改名称为“图章边缘”。

(5)设置画笔笔触。按 F5 键,设置画笔笔尖形状直径为 3px,设置双重画笔相关参数,直径为 6px,间距为 16%,散布为 871%,数量为 4。

(6)描边路径。打开“路径”调板,单击“用画笔描边路径”按钮。

步骤 2:制作中心小草图形

(1)绘制叶形区域。按 Ctrl+Shift+N 键,新建图层,将名称修改为“小草”,选择“钢笔工具”绘制叶形区域,设置画笔主直径为 3px。

(2)描边路径。打开“路径”调板,单击“用画笔描边路径”。

(3)填充路径并调整图形的位置。按 Ctrl+Shift+N 键,新建图层,将名称改为“小草2”,打开“路径”调板,单击“用前景色填充路径”。

选择菜单“编辑”→“变换”→“水平翻转”,选择“移动工具”,调整图形的位置。

步骤 3:制作图章文字

(1)绘制文字路径。选择“椭圆工具”,选定工具选项栏的“路径选项”,按住 Shift 键在图像中央绘制圆形路径,打开“路径”调板,选择“工作路径”名称修改为“文字 1”。

(2)输入文字。选择“横排文字工具”(T),设置工具选项栏:字体为黑,文字大小为 21 点,将鼠标放在路径上,鼠标指针变成 I 状。

单击,输入文字“中国少年儿童活动中心”。

(3)调整文字位置。选择“路径选择工具”,将鼠标指针定位到文字上,指针会变为带箭头的 I 形光标,单击并沿路径拖动文字,调整文字位置。

(4)绘制圆形路径。选择“椭圆工具”,选定工具选项栏的“路径选项”,按住 Shift 键在图像中央绘制圆形路径,打开“路径”调板,选择“工作路径”将名称修改为“文字 2”。

(5)输入图章底部文字。参考步骤 3 中的(2)、(3)的方法输入图章底部文字“放飞理想的窗户”,调整文字大小为 20 点。

(6)调整文字位置。选择“路径选择工具”,将鼠标指针定位到文字上,单击并沿路径拖动文字,调整文字位置。

步骤 4:保存文件

按 Ctrl+S 键,保存处理完成的图像。

14 编程初步

技能训练目标

熟悉程序的三种结构:顺序、选择和循环结构。

熟悉面向对象程序设计中“对象”和“事件驱动”。

熟悉变量、算术运算、关系运算和布尔运算。

程序设计概念

尽管 Scratch 是一款面向初学者的编程语言,初看上去好像并不是一个专业的编程学习工具,但是其中所包含的基本程序设计概念以及解决问题的基本思路与其他高级编程工具和语言是一样的,因此,我们在编程学习的过程中需要更多地关注解决问题的方法、思路和思维。

这些概念和思路正是我们想法的集中体现,也是锻炼我们的逻辑思维能力的绝佳方法之一。

Scratch 所涉及的程序设计概念如下:

顺序结构:处于顺序结构中的模块,会按照其位置的先后次序来依次执行。从脚本的头部开始一直执行到脚本的结束。

选择结构:依据程序执行过程中的收集的数据来决定程序执行的流向。

循环结构:当要处理大量信息时需要使用循环结构,此外在游戏中会使用循环结构来控制游戏的进行。

使用变量:在程序运行的过程中存储、读取或修改变量(变量与常量是两个相对的概念)。

布尔逻辑:布尔类型只有两个值——真和假,程序的逻辑结构就是基于这些布尔类型的数据。Scratch 经常会用到大量的布尔逻辑运算。

事件触发:脚本的执行依赖于捕获事件消息,事件消息包括键盘按键、点击绿旗子按钮等事件所触发的消息,此外脚本还要相应其他脚本发来的同步消息。

程序调试:查找、定位并排除那些影响程序正确执行的错误或缺陷的过程。

我们先简单了解这些概念,如果你对这些概念仍然还不太理解,请不要着急,我们将会在以后用到这些内容,并以具体的实例来解释它们。

打招呼的小猫

任务描述:我们将利用 Scratch 创建第一个作品——打招呼的小猫。Scratch 是一种图形化的编程语言,程序中包含一个或多个角色,角色由脚本、造型和声音三个因素组成。了解有关 Scratch 的知识,初步认识 Scratch。

任务分析:需要了解 Scratch 的工作界面、角色、功能模块。编写出第一个 Scratch 程序。

操作要点

(1)打开 Scratch 软件,默认新建一个页面,认识猫的造型和声音。

(2)修改角色属性。默认的角色名称是“角色 1”,我们可以在角色信息区的文本框中改变角色的名字,如“小明”。

(3)为角色编写脚本,实现小猫向我们打招呼。

外观模块组包含各种改变角色外观的模块,单击“说你好 2 秒”,将模块拖动到脚本区域,可改变小猫说话的内容。

声音模块组,模块列表里显示一组播放声音的模块。选择“播放声音喵”模块,该模块将小猫的声音设置为“喵”。

(4)运行脚本

脚本写好后,双击刚才两个模块中任一模块,运行脚本,看结果。

最好这样运行脚本:通过绿旗执行按钮运行;通过单击角色运行;通过键盘的按键来运行程序。

(5)保存作品

执行“文件”—“存档”命令,在弹出的“保存作品”对话框中选择保存的位置,输入新文件名为“打招呼的小猫”,单击“确定”按钮,就将作品以 sb2 格式保存起来。

穿越迷宫

任务描述:制作一个简单的迷宫游戏,一只小猫在迷宫中穿行,如果不小心碰到了墙会退到起点重新开始。

任务分析:通过制作迷宫游戏,能够对电脑程序设计有一个初步的认识,角色小猫就是一个对象,小猫通过按四个方向键移动(事件触发),初次用到选择和循环模块。

操作要点

程序设计就像堆积木一样简单,增加学习的乐趣和自信心。

(1)制作迷宫背景

学生在绘制时提醒把起点和终点用不同颜色标注出来。因为要通过颜色的侦测判断而决定后续的动作。

这里要了解舞台平面坐标的相关知识。

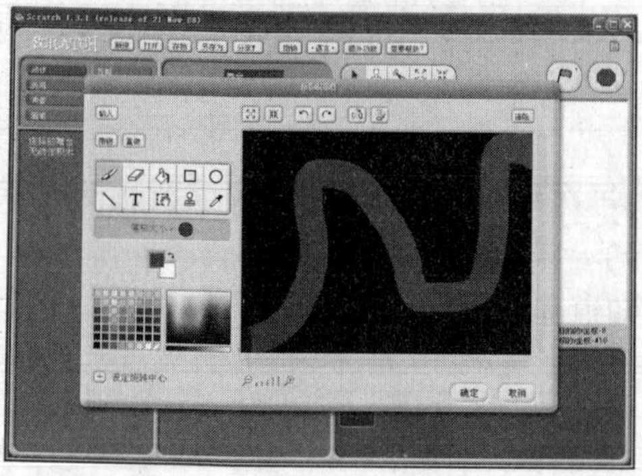

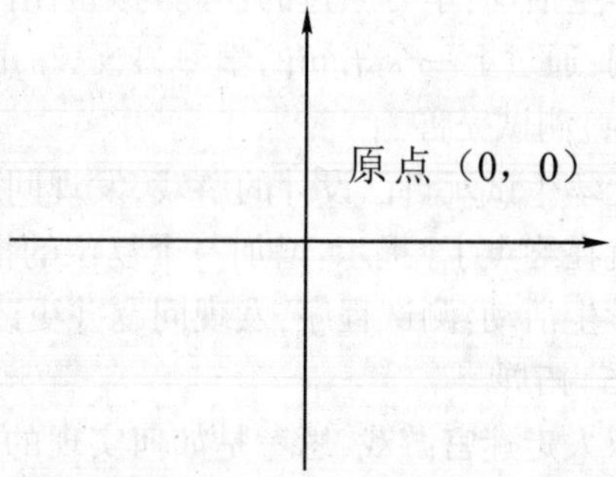

舞台的中心为原点,左右方向用横轴 x 来表示;上下方向用竖轴 y 来表示。

(2)控制角色移动

控制语句的编写:当按下键盘上移键时,角色向上移动(对应 y 坐标增大);当按下键盘下移键时,角色向下移动(对应 y 坐标减小)。

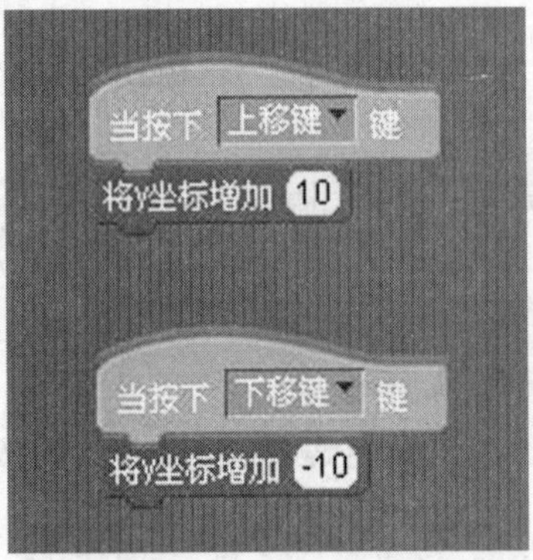

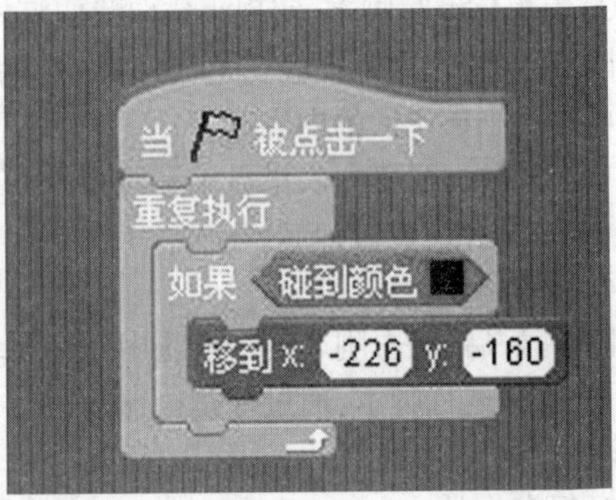

学生活动:知道角色的移动对应着坐标的变化;通过老师给出的上下移动的操作脚本,自己写出左右移动的脚本。

(3)颜色的侦测与判断

①碰到迷宫墙壁(黑色)回到起点重新走;

②碰到终点(红色)获胜。

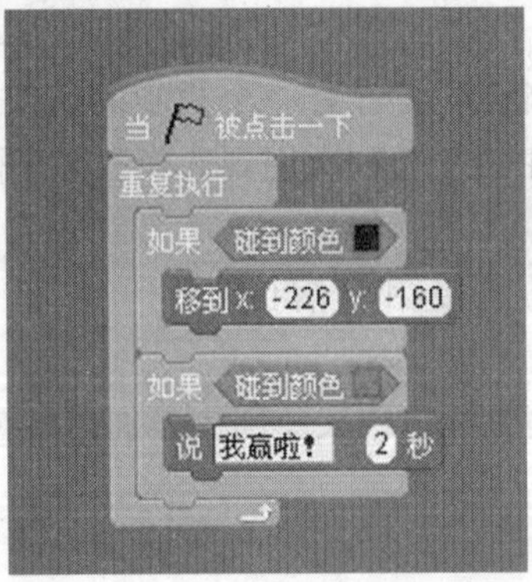

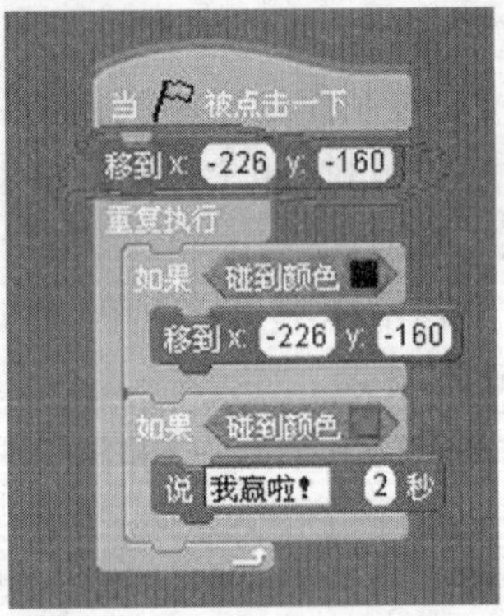

学生活动:学习颜色的侦测与判断语句的使用;学习循环语句的使用;学习移动指令的使用;通过上一个语句的学习,自己写出"获胜"脚本。

(4)测试完善

让学生试玩自己设计的游戏,发现问题:每次到了终点以后,下次重新玩的时候角色直接就在终点了(提示:增加一个复位的指令)。

学生活动:测试程序,发现问题并更改;知道程序测试的重要性。

(5)拓展

双人走迷宫游戏,思考是如何实现的。

弹球游戏的制作

任务描述:在本任务中创建一个简单的弹球游戏,在游戏执行时一个弹球从舞台顶部飞出,玩家用鼠标控制下部的挡板(paddle)左右水平移动,将球向上弹起,然后球碰到舞台的边缘反弹,如果球碰到屏幕下边缘的棕色区域,则游戏结束。

该游戏有两个角色:ball 是球,paddle 是挡板。

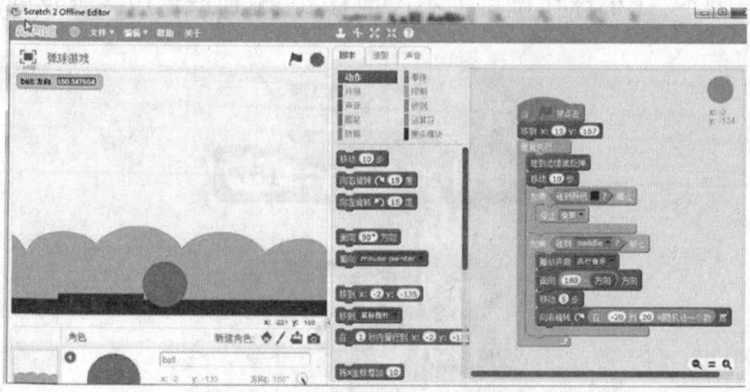

任务分析:首先,程序将球移到舞台顶部居中这个位置,然后不断地重复移动 10 步这一动作。在此过程中,如果碰到舞台边缘,球就会被反弹回来;如果碰到棕色,游戏结束运行;如果碰到挡板,播放声音 water_drop(水滴落),改变当前球的运动方向。

运动方向改变为 180-方向,实现反弹效果(如果原方向为 150 度,则新方向为 30 度,原运动方向和新运动方向以竖直方向(0 度)为对称轴,就像光线反射一样,如下图所示),移动 5 步,再随机旋转一个正负 20 度之间的一个角度。

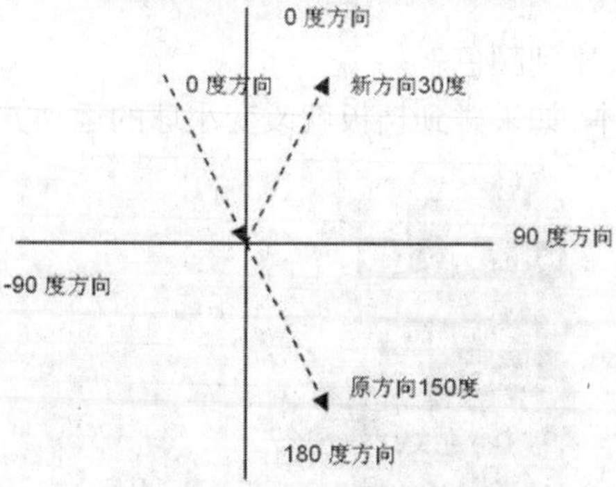

180-方向:实现反弹效果

操作要点

任务分解,循序渐进,克难攻坚。

回顾常用模块,先让小猫走一走。

目的:熟悉动作模块中的移动、旋转、方向、x 坐标、碰到边缘就反弹,控制模块中的循环。

改变舞台背景、去除小猫,新建角色小球和挡板。

目的:熟悉舞台背景的修改、角色的有关操作。

对挡板编写脚本,让挡板发挥作用,挡板只能在舞台底部左右移动。

目的：角色在舞台的位置可以通过 x 坐标和 y 坐标来确定。

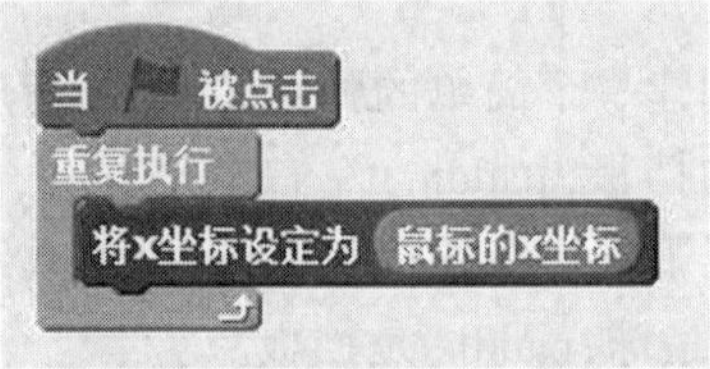

对小球编写脚本，让小球在舞台上不停地移动，碰到舞台边缘就反弹。

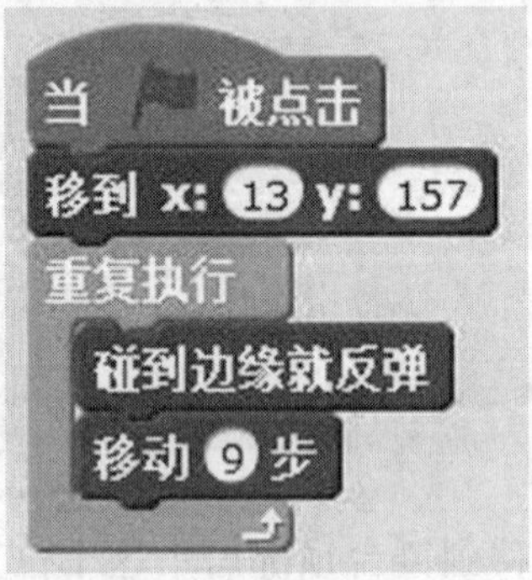

接下来实现如果碰到舞台底部棕色部分就结束游戏。把下面这个模块放在重复执行中，“移动 9 步”模块下。

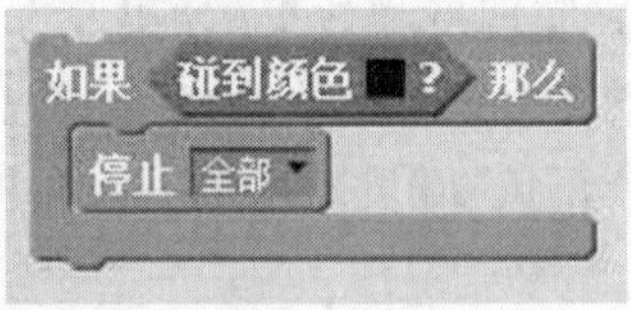

目的：使用侦测模块，碰到颜色就……

最后，对小球编写脚本，如果碰到挡板就改变小球的运动方向，小球碰到挡板就反弹。

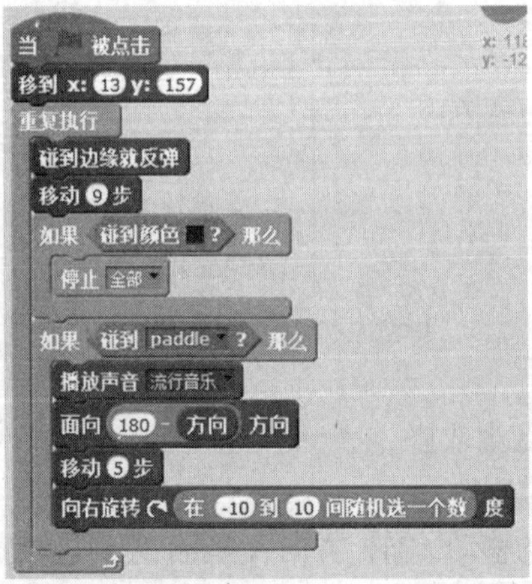

优化，大家还有什么好的点子让游戏更好玩？

目的：优化程序。

在实践过程中，如果遇到问题一定要问，有新的想法就和老师交流。

参考文献

[1]姚亚建,胡建红,韩国莉. 计算机应用基础[M]. 武汉:华中师范大学出版社,2016.
[2]河南省职业技术教育教学研究室. 计算机组装与维护[M]. 北京:电子工业出版社,2013.
[3]河南省职业技术教育教学研究室. Photoshop 行业应用基础[M]. 北京:电子工业出版社,2013.
[4]张景伟. 计算机新体验[M]. 吉林:吉林大学出版社,2015.